Nadia Achaibou

Optimisation du stockage des énergies renouvelables

Nadia Achaibou

Optimisation du stockage des énergies renouvelables

Stockage de l'énergie solaire photovoltaïque par batteries au plomb

Presses Académiques Francophones

Impressum / Mentions légales

Bibliografische Information der Deutschen Nationalbibliothek: Die Deutsche Nationalbibliothek verzeichnet diese Publikation in der Deutschen Nationalbibliografie; detaillierte bibliografische Daten sind im Internet über http://dnb.d-nb.de abrufbar.
Alle in diesem Buch genannten Marken und Produktnamen unterliegen warenzeichen-, marken- oder patentrechtlichem Schutz bzw. sind Warenzeichen oder eingetragene Warenzeichen der jeweiligen Inhaber. Die Wiedergabe von Marken, Produktnamen, Gebrauchsnamen, Handelsnamen, Warenbezeichnungen u.s.w. in diesem Werk berechtigt auch ohne besondere Kennzeichnung nicht zu der Annahme, dass solche Namen im Sinne der Warenzeichen- und Markenschutzgesetzgebung als frei zu betrachten wären und daher von jedermann benutzt werden dürften.

Information bibliographique publiée par la Deutsche Nationalbibliothek: La Deutsche Nationalbibliothek inscrit cette publication à la Deutsche Nationalbibliografie; des données bibliographiques détaillées sont disponibles sur internet à l'adresse http://dnb.d-nb.de.
Toutes marques et noms de produits mentionnés dans ce livre demeurent sous la protection des marques, des marques déposées et des brevets, et sont des marques ou des marques déposées de leurs détenteurs respectifs. L'utilisation des marques, noms de produits, noms communs, noms commerciaux, descriptions de produits, etc, même sans qu'ils soient mentionnés de façon particulière dans ce livre ne signifie en aucune façon que ces noms peuvent être utilisés sans restriction à l'égard de la législation pour la protection des marques et des marques déposées et pourraient donc être utilisés par quiconque.

Coverbild / Photo de couverture: www.ingimage.com

Verlag / Editeur:
Presses Académiques Francophones
ist ein Imprint der / est une marque déposée de
OmniScriptum GmbH & Co. KG
Heinrich-Böcking-Str. 6-8, 66121 Saarbrücken, Deutschland / Allemagne
Email: info@presses-academiques.com

Herstellung: siehe letzte Seite /
Impression: voir la dernière page
ISBN: 978-3-8381-4964-6

Zugl. / Agréé par: Algérie, Ecole Nationale Supérieure Polytechnique, 2011

Copyright / Droit d'auteur © 2014 OmniScriptum GmbH & Co. KG
Alle Rechte vorbehalten. / Tous droits réservés. Saarbrücken 2014

TABLE DES MATIERES

Introduction générale

La terre reçoit d'énormes quantités d'énergie de cette source intarissable qui est le soleil. Le pétrole et les autres combustibles fossiles sont eux même dérivés de cette source d'énergie.

L'énergie se manifeste sous plusieurs formes, y compris : mécanique, électrique, thermique et chimique.

Les combustibles habituels ne sont que de simples cas d'énergie dérivés de l'énergie solaire convertie et stockée par la nature sous forme de pétrole et de gaz.

On peut distinguer deux types d'énergie, l'énergie primaire qui peut provenir, soit de sources renouvelables (thermique, photovoltaïque, éolien, géothermie, biomasse), soit de sources non renouvelables (énergie fossile, nucléaire, charbon) et l'énergie secondaire de type électrique, qui est le produit d'une conversion de l'énergie primaire à partir d'une installation pouvant être soit une centrale hydraulique, soit une centrale thermique.

Le problème fondamental de ces énergies réside dans le stockage de ces énergies. Car il faudrait donc trouver le moyen de capter cette énergie, quelque soit la forme et le moment où on la trouve, la convertir sous la forme la plus pratique à stocker, et ensuite la reconvertir avec une déperdition minimum sous la forme la plus simple et l'utiliser au moment où l'on a besoin.

Il existe de nombreuses façons de stocker l'énergie, et pratiquement sous toutes les formes. Certaines sont plus économiques que d'autres. La valeur d'une certaine forme d'énergie dépend pour une bonne part de la densité sous laquelle on peut la stocker et/ou la déstocker, que ce soit : nucléaire, chimique, électrochimique, thermique, mécanique, électrique.

Le stockage de l'énergie mécanique peut être effectué sous deux formes : énergie potentielle et énergie cinétique. Sous la première forme, le stockage peut se faire en pompant de l'eau dans un réservoir élevé et en le laissant s'écouler dans un réservoir placé plus bas. Sous la deuxième forme, par un volant d'inertie qui a peu de chance d'avoir un grand rôle par ses difficultés de sa mise en œuvre. Par contre, la forme chimique du stockage reste la forme la plus répandue pour stocker de l'énergie électrique.

Dans les divers types des systèmes disponibles d'accumulation, thermique, mécanique (pompage d'eau, volants d'inertie), chimique, électronique, et en considérant les caractéristiques qui déterminent leur utilité et leur efficacité pour les systèmes photovoltaïques, à savoir : rendement, durée de vie utile, entretien et coût, l'accumulateur électrochimique (batteries) est en effet l'une des options viable dans l'immense majorité des cas de stockage de l'énergie électrique.

La gamme d'accumulateurs électrochimiques utilisée pour stocker l'énergie électrique est très large. Cependant la presque totalité des systèmes d'accumulation de l'énergie solaire photovoltaïque sont composés d'éléments de batterie au plomb. Ces batteries au plomb présentent des caractéristiques technologiques très appropriées et très vastes pour plusieurs applications conventionnelles, que ce soit : démarrage, traction et stationnaire.

Les batteries d'accumulation fonctionnent principalement en cycles de charge et de décharge, dont le profil et l'amplitude dépendent de la tension et de l'énergie journalière fournies par le générateur photovoltaïque et celles demandées par la consommation. Par conséquent, ces batteries devraient résister aux charges et décharges irrégulières, les périodes prolongées à bas état de charge, les décharges profondes et les grandes variations de température. Aussi elles devraient avoir un haut rendement d'énergie, une fiabilité et un minimum d'entretien, principalement dans les systèmes installés dans des sites isolés où l'accès est difficile.

Le but poursuivi dans le cadre de cet ouvrage est d'évaluer les potentialités du stockage d'électricité par accumulateurs au plomb acide. Le cadre de travail qui a été défini concerne les applications stationnaires alimentées par un champ photovoltaïque.

Nous avons choisi d'utiliser la simulation numérique pour tenter d'atteindre nos objectifs.

Tout d'abord, nous avons élaboré un simulateur du système de stockage par batterie au plomb acide basé sur la modélisation. Le traitement et la comparaison des résultats de simulation avec les résultats expérimentaux sont étudiés. La synthèse des résultats a permis de préconiser quel modèle le plus apte à utiliser pour le stockage de l'énergie solaire PV par les accumulateurs électrochimiques au plomb.

Outre cette introduction générale et les principales conclusions, ce livre est organisé selon cinq chapitres majeurs.

Le chapitre 1 développe des notions liées au stockage des énergies renouvelables principalement le stockage de l'énergie électrique produite par le solaire photovoltaïque à savoir les accumulateurs au plomb, les batteries au lithium présentent des performances intéressantes, mais elles nécessitent encore des développements conséquents avant d'envisager leur utilisation dans les systèmes électriques PV autres que portables et automobiles. Les technologies de l'hydrogène en tant que vecteur énergétique semblent en de nombreux points prometteurs. Nous tenterons dans ce chapitre de mettre en valeur les arguments favorables à l'utilisation de l'hydrogène et des batteries au lithium comme moyen de stockage d'énergie pour applications stationnaires, spécialement dans le domaine solaire photovoltaïque ainsi que les dernières recherches dans ce domaine.

Le chapitre 2 donne une étude détaillée des accumulateurs au plomb acide et leur fonctionnement dans les systèmes photovoltaïque.

Le chapitre 3 expose les modèles utilisés pour la modélisation des accumulateurs au plomb.

L'étude expérimentale de caractérisation de différents types d'accumulateurs au plomb ainsi que les résultats expérimentaux sont donnés dans le chapitre 4.

La mise en œuvre des modèles d'étude a été effectuée à l'aide d'un logiciel Pspice, en utilisant la méthode ABM et aussi du Simulink/Matlab. Ces deux simulateurs permettent ainsi de résoudre les équations mathématiques non linéaires des différents modèles, en les traduisant à un circuit électrique avec courant contrôlé et source de tension. A partir des résultats expérimentaux, on vérifie la validité des quatre modèles choisis. Le modèle le plus approprié serait choisi pour la simulation du système de stockage de deux systèmes photovoltaïques. Cette dernière partie est donnée dans le chapitre 5.

CHAPITRE 1

Stockage des Energies Renouvelables

1.1 Introduction

Les sources d'énergies renouvelables comme le soleil, le vent, la géothermie, les marées, les petites centrales hydroélectriques, la biomasse et les autres systèmes de conversion énergétique sont actuellement considérées comme des énergies alternatives. Elles sont inépuisables et diffuses et pour la plupart irrégulières. Un problème restait sans solution, lié à l'originalité même de l'énergie solaire, son caractère intermittent et aléatoire qui conduisait à l'absolue nécessité d'importants stockages pour compenser les passages nuageux, les nuits et les journées sans soleil [1, 2]. Elles nous demandent donc de l'économie dans nos consommations : le développement de la technologie des piles à combustible verra ces formes d'énergies écologiques remplacer peu à peu les formes traditionnelles que sont les fossiles ou le nucléaire.

On peut donc dire que l'énergie solaire ne peut réellement exister, de façon significative, que lorsque le problème de son stockage sera résolu de façon technique et économique. Dans ce qui suit, nous allons en premier temps situer ces diverses formes d'énergies renouvelables et leurs applications. Les principaux types de stockage de ces énergies seront décrits dans un second temps, moyennant des paramètres édictés par les procédés.

1.2 Revue des énergies renouvelables

Il existe différentes sources d'énergie renouvelables disponibles sur la planète dont les principales sont [3, 4]: l'énergie solaire, l'énergie éolienne, l'énergie hydraulique, la biomasse et la géothermie. Elles peuvent être converties, selon les besoins, en électricité ou en chaleur. La cogénération d'électricité et de chaleur est possible dans le cas de la géothermie, de la biomasse et de l'énergie solaire. Depuis les années 1990, les énergies renouvelables connaissent un essor important. Depuis 1994 dans l'Union Européenne, le taux de croissance annuel est d'environ 34% pour l'éolien et 30 % pour le solaire principalement pour des applications connectées au réseau. Les politiques de développement durable mises en place dans le monde ont permis une meilleure exploitation du vaste potentiel que représentent les ressources renouvelables. L'indépendance énergétique, couplée à la diminution des émissions de gaz à effet de serre et la volonté de diversification des ressources, ont été les moteurs d'un développement industriel très conséquent, permettant d'initier des filières nouvelles tout en soutenant des technologies plus matures. Les perspectives économiques du domaine des énergies renouvelables sont en outre confortées par le contexte d'appauvrissement des énergies fossiles. De plus, ces énergies ont des aptitudes diverses au stockage [5]:

Stockage court : (de quelques heures à quelques jours); c'est le cas du rayonnement solaire, de l'énergie éolienne, l'énergie des vagues, l'énergie hydraulique au fil de l'eau, l'énergie marémotrice.

Stockage moyen : (de quelques mois); c'est le cas des grands barrages hydrauliques, de l'énergie thermique des mers, des cultures annuelles à finalité énergétique.

Stockage long : (une année et plus); c'est le cas de la biomasse forestière, la géothermie dans les nappes aquifères.

Dans le cadre de notre étude, nous nous sommes concentrés sur la production d'électricité à partir de l'énergie solaire [6]. Nous détaillons dans les paragraphes suivants les éléments ayant traits à cette ressource et sa transformation en énergie électrique.

1.3. Stockage thermique

Le système de stockage ou d'accumulateur thermique est le système le plus simple de stockage dans la récupération des calories perdues ou dans l'utilisation de l'énergie électrique pour les besoins de chauffage à basse ou moyenne température. Aujourd'hui, les capteurs thermiques solaires existent avec des moyens de stockage simples : eau chaude et sels hydratés. Pour les périodes très chaudes ou très froides, on peut leur adjoindre des pompes à chaleur ou des machines frigorifiques à absorption.

Le stockage thermique trouvera de plus en plus d'applications au fur et à mesure qu'on pourra élever le niveau énergétique des calories stockées et la capacité des réservoirs de stockage [7].

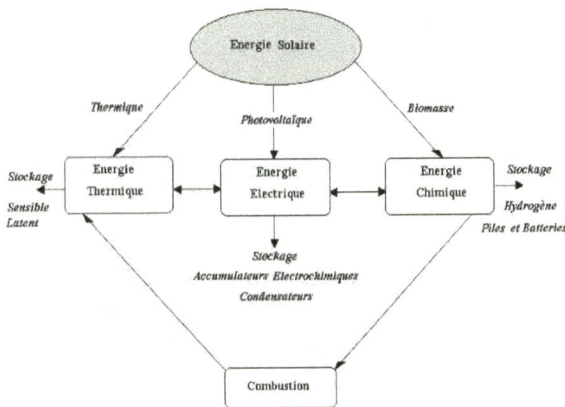

Figure 1.1 : Schéma synoptique de l'utilisation de l'énergie solaire

1.4. Stockage électrique

La plupart de l'électricité produite dans le monde (82 %) provient de la décomposition de combustibles fossiles (pétrole, charbon ou gaz naturel) ou de combustibles nucléaires. Bien que le gisement planétaire des combustibles fossiles soit très large, il est néanmoins limité. De plus, leur renouvellement n'est pas observable à l'échelle temporelle de l'homme. Enfin, l'impact environnemental de ces modes de production d'électricité est notable, comme la production de gaz à effet de serre tel que le gaz carbonique (CO_2) ou de déchets radioactifs.

13

L'utilisation de sources propres et renouvelables semble apporter une réponse convaincante mais partielle au problème énergétique actuel. L'hydroélectricité existe depuis près d'un siècle et constitue environ 16 % de la production mondiale d'électricité. Néanmoins, ce mode de production reste centralisé et localisé aux endroits où le potentiel présente un intérêt économique. La tendance actuelle montre que l'intégration de ce type de ressources dans les systèmes électriques isolés se fait en association avec l'utilisation des ressources conventionnelles, tels les générateurs diesel.

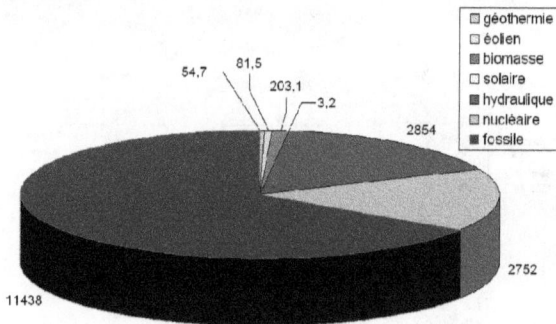

Figure 1.2 : Répartition des ressources sur la production mondiale d'électricité en
2004 (17390 TWh au total) [8]

Enfin, l'ajout d'un dispositif de stockage d'énergie est parfois nécessaire pour assurer la continuité de la fourniture électrique à l'usager, quand la ressource renouvelable ne peut le faire. L'électricité produite peut être soit stockée dans des batteries pour les installations autonomes, soit convertie par un onduleur pour être distribuée aux normes sur le réseau. Par sa souplesse et sa facilité d'installation et de maintenance, l'énergie photovoltaïque est incontestablement une solution technique et économique pour l'électrification des sites isolés, notamment dans les pays en voie de développement.

14

La production d'électricité photovoltaïque reste encore plus chère que l'électricité classique. Mais les prix des modules photovoltaïques sont en baisse continuelle. La compétitivité devrait s'améliorer avec les progrès technologiques de demain. Améliorer les rendements et diminuer les coûts sont les objectifs à poursuivre en priorité si on veut souhaiter voir se développer la production d'électricité par la voie photovoltaïque.

Le mode d'intégration de l'énergie photovoltaïque dans les systèmes électriques dépend de la nature du système considéré, selon qu'il est raccordé au réseau ou isolé. Dans chaque cas, le stockage de l'électricité produite à partir de la source renouvelable peut s'avérer nécessaire pour différentes raisons [9].

✓ Les systèmes raccordés au réseau

On peut distinguer deux types de réseaux : le réseau interconnecté et les mini-réseaux ou réseaux isolés. Dans chacun des cas, le stockage d'électricité est envisageable [10]. Les bénéfices apportés par la présence d'unités de stockage dépendront directement de leur mode d'utilisation de leur implantation dans le réseau.

✓ Les systèmes autonomes isolés

Les systèmes autonomes sont des unités de production d'électricité généralement de petites tailles (ne dépassant pas 100 kW) qui ne sont reliées à aucun réseau de distribution. Ils peuvent être composés d'un générateur diesel, d'un générateur photovoltaïque et d'un système de stockage d'électricité.

Dans le cas des systèmes comportant uniquement un générateur diesel, la présence du stockage n'est pas obligatoire. Mais elle permet une gestion plus souple et plus efficace du système, en rendant possible le choix des plages de fonctionnement du groupe électrogène où son rendement est optimal. Enfin, dans le cas d'une brusque demande d'électricité, le stockage remplit la fonction de source « tampon », en attendant que le groupe démarre et prenne le relais de la fourniture. Pour s'affranchir de l'utilisation d'une énergie fossile, on peut envisager le remplacement du groupe électrogène par une pile à combustible de technologie PEM (à membrane échangeuse de protons). Ce générateur produit de l'électricité à partir d'hydrogène. Il n'émet ni gaz à effet de serre ni bruit et atteint à sa puissance nominale des rendements de l'ordre de 45 à 50 %. Néanmoins, l'autonomie du système est liée à la capacité du réservoir d'hydrogène, qu'il faudra remplir régulièrement. Et le ravitaillement de l'installation peut s'avérer très coûteux selon son emplacement.

Dans les systèmes PV isolés sans générateur auxiliaire, la présence d'un dispositif de stockage d'électricité est alors indispensable pour pallier le caractère intermittent du générateur photovoltaïque. Sa principale fonction est d'accumuler l'électricité excédentaire produite par le générateur et, lorsque la production de ce dernier est déficitaire, de fournir le complément d'énergie nécessaire à l'utilisateur.

L'unité de stockage est dimensionnée de telle sorte que le système dans lequel il est intégré puisse continuellement fournir à l'usager l'énergie dont il a besoin. Dans le cas d'un fonctionnement journalier, le stockage se vide et se remplit sur une période de quelques jours. Ce mode de fonctionnement permet d'installer de faibles capacités énergétiques tout en préservant l'autonomie de l'usager sur la période considérée.

Certains systèmes de stockage peuvent fonctionner en mode saisonnier. La capacité installée est alors beaucoup plus importante puisque le stockage se vide et se remplit sur une, voire plusieurs saisons.

Les systèmes isolés utilisent en grande majorité les batteries au plomb comme stockage d'énergie. Les batteries au plomb bénéficient en effet d'avantages, tels son faible coût par rapport à d'autres technologies et une maturité étayée par un retour d'expérience conséquent. Cette technologie est par ailleurs largement disponible dans le commerce.

Cependant ce composant reste délicat à utiliser. Son emploi est sujet à des contraintes qu'il est nécessaire de respecter pour garantir son bon fonctionnement et sa longévité. Elles ne peuvent rester longtemps inutilisées sans conséquences néfastes sur leur durée de vie. Elles fonctionnent donc en mode journalier. Mais des cycles répétés de charge/décharge aléatoires doivent être évités. Son état de charge ne doit pas atteindre des valeurs extrêmes pour éviter toute dégradation prématurée.

Ainsi, quand l'état de charge des batteries est trop élevé et que la production photovoltaïque est excédentaire, le champ PV doit être temporairement déconnecté. Le surplus d'énergie disponible à ses bornes ne peut donc être stocké. Si la taille des batteries est bien adaptée aux besoins de l'usager, cette quantité inutilisée revient à considérer que le champ PV doit inévitablement être surdimensionné pour satisfaire à l'autonomie du système [11].

1.5. Les technologies de stockage d'énergie électrique

Il existe de nombreux moyens de stocker de l'électricité [12], qui passent quasiment tous par sa conversion en une autre forme d'énergie plus aisée à confiner (Figure 1.1). Le stockage électrochimique est largement employé dans les applications stationnaires. Cette technologie possède un retour d'expérience de plus de cinquante ans, notamment grâce aux applications automobiles. Son faible coût et son excellent taux de recyclabilité en font un acteur incontournable du stockage dans les systèmes électriques. Nous détaillerons les principales caractéristiques des batteries au plomb dans le chapitre 2. Il y a aussi les batteries au lithium, cette technologie prometteuse fait l'objet de nombreux efforts de R&D. Bien qu'ayant atteint une certaine maturité dans le domaine des applications portables, ce type d'accumulateurs est encore peu utilisé dans les applications stationnaires mais représente une solution de remplacement intéressante de la technologie au plomb, à moyen terme [13].

1.5.1 Les piles

Ceux sont des petits générateurs électrochimiques permettant de produire de l'énergie électrique à partir d'une réaction chimique. Il en existe de très nombreux types. Toutes sont constituées de deux électrodes entourées de réactifs et baignant dans un électrolyte, elles sont aussi appelées cellules primaires. On a trois différents types de pile :

- les piles salines de type Leclanché, exemple : (Zn - MnO2 avec comme électrolyte NH4Cl),
- les piles alcalines dont les électrolytes sont des solutions alcalines (NaOH, LiOH),
- les piles bouton dans lesquelles l'oxyde de manganèse MnO2 est remplacé par un autre oxyde Ag2O.

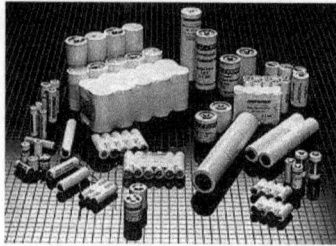

Figure 1.3 : Différents types de piles existantes sur le marché

1.5.2. Accumulateurs électrochimiques

Les accumulateurs électrochimiques permettent de disposer d'une réserve d'énergie électrique autonome. Leur utilisation est très répandue et en plein essor, notamment avec le développement du véhicule électrique. Le problème de ces éléments énergétiques est de réussir à les maintenir en état le plus longtemps possible bien qu'ils soient le siège de nombreux phénomènes électrochimiques non linéaires et qu'ils subissent une altération de leurs performances au cours du temps et des utilisations.

Le principe de fonctionnement d'un générateur électrochimique ou bien d'une cellule secondaire est essentiellement basé sur la conversion de l'énergie chimique en énergie électrique.

Les accumulateurs présentent un grand intérêt dans les études actuelles de stockage d'énergie électrique [14], dans la gamme des moyennes puissances et des durées de stockage limitées. Ils présentent le triple avantage : d'exister industriellement, d'être parfaitement modulaires et d'entrer immédiatement en action. D'autre part, ils peuvent être installés chez l'utilisateur, ce qui résout le problème de l'encombrement des lignes de transport en période de pointe, réduit le coût de transport et les pertes en ligne.

Les principaux paramètres qui définissent les performances d'un accumulateur rechargeable sont l'énergie massique ou la quantité d'énergie stockée rapportée à la masse de l'accumulateur, le rendement énergétique qui dépend des vitesses de charge et de décharge.

La technologie des accumulateurs est très diversifiée (voir tableaux 1.1 et 1.2) on peut citer les principaux types :

- les accumulateurs au plomb ;
- les accumulateurs au nickel à électrolyte alcalin (KOH), nickel/cadmium, nickel/hydrure métallique, nickel/hydrogène, nickel/fer ;
- les accumulateurs alcalins nickel/zinc et MnO_2/zinc ;
- les accumulateurs alcalins métal/air : air/zinc, air/fer, air/magnésium ;
- les accumulateurs scellés au sodium à électrolyte solide en alumine fonctionnant à haute température (300°C) : sodium/soufre, sodium/chlorure de nickel ;
- les accumulateurs au lithium à électrolyte sel fondu à 450°C: LiAl/FeS ou FeS_2 ;
- les accumulateurs au lithium fonctionnant à température ambiante dont l'électrode positive est un composé d'insertion dans un oxyde métallique :
  - à électrolyte polymère solide et anode de lithium métallique en films minces Li/MOx ;
  - à électrolyte organique liquide ou polymère plastifié avec électrode négative à insertion $LixC_6$/MOy ;
- les « systèmes Redox » Zn/Br ou au vanadium utilisant des électrodes liquides.

1.5.2.1 Accumulateurs au plomb

Les accumulateurs acides au plomb sont actuellement les seuls acceptables du point de vue investissements et coût d'exploitation. Leur durée de vie est toujours

19

insuffisante. Rappelons que l'accumulateur au plomb est une pile réversible constituée par le couple $Pb/H_2SO_4/PbO_2$. Une étude détaillée sur l'accumulateur au plomb fera l'objet du chapitre 2. Les accumulateurs au plomb sont divisés en deux grandes familles : les batteries ouvertes (Vented Batteries) et les batteries scellées (Valve Regulated Lead Acid Batteries).

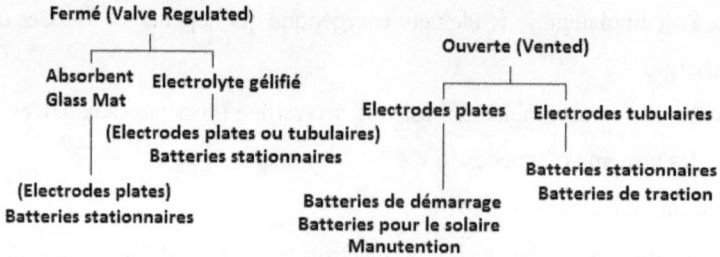

Fermé (Valve Regulated)

Absorbent Glass Mat — Electrolyte gélifié

(Electrodes plates ou tubulaires)
Batteries stationnaires

(Electrodes plates)
Batteries stationnaires

Ouverte (Vented)

Electrodes plates — Electrodes tubulaires

Batteries de démarrage
Batteries pour le solaire
Manutention

Batteries stationnaires
Batteries de traction

Figure 1.4 : Les différents types de batteries au plomb

1.5.2.2. Les accumulateurs alcalins

Accumulateurs alcalins : L'électrolyte des accumulateurs alcalins et une solution de potasse caustique à 25% de concentration. La matière active positive est de l'oxyde de Nickel additionné de paillettes de Nickel ou de graphite, la matière négative est du fer réduit ou mieux un mélange de fer et de cadmium. L'électrolyte n'intervient pas dans la réaction, sa densité et sa composition restent constantes. Ces accumulateurs ont une robustesse mécanique et chimique, une plus longue durée de vie et sont à priori, plus légers que les batteries au plomb.

1.5.2.3. Les accumulateurs spéciaux

On a les accumulateurs à électrolytes organiques, à électrolytes solides et à sels fondus.

1.5.2.4. Les batteries au lithium

L'utilisation et la diversité sans cesse grandissantes des applications électriques ont conduit au développement de nouvelles technologies de stockage. Les efforts menés en matière de recherche et de développement ont permis de voir apparaître de nouvelles technologies de stockage électrochimique comme les systèmes Redox [15-17], les systèmes de stockage via l'hydrogène ou encore les batteries au lithium. L'élément lithium présente des caractéristiques physico-chimiques intéressantes. Utilisé comme matière active à l'anode, il permet d'obtenir des batteries à fort potentiel énergétique. Mais sa réactivité avec le milieu ambiant en fait un matériau difficile à manipuler à l'état métallique.

En effet, beaucoup de caractéristiques physiques et chimiques du lithium jouent en sa faveur :

- Le lithium est un élément léger avec une masse molaire de 6,941 g.mol^{-1} et une masse volumique de 0,53 g.cm^{-3}.

- Le potentiel du couple Li+/Li est le plus faible de tous les couples oxydo-réducteurs avec E_0 = -3,04 V/ENH. Le lithium est ainsi l'élément le plus réducteur de la classification périodique. Couplé à un matériau d'électrode positive, le lithium permet d'obtenir des systèmes électrochimiques dont le potentiel peut atteindre 4 V et plus leur conférant une densité d'énergie supérieure aux autres systèmes.

- La capacité massique théorique du lithium est la plus importante de tous les couples utilisés en électrochimie (Tableau 1.2).

1.5.2.4.1. Les différentes technologies

Il existe trois grandes familles de batteries au lithium : Lithium métallique, Lithium-Ion et Lithium-polymère.

- *Les accumulateurs Lithium métallique*

Le lithium métal est utilisé dans les piles qui sont les plus performantes en termes de durée de vie et de capacité stockée. Mais pour les accumulateurs, l'utilisation du lithium sous forme métallique présente des problèmes de cyclabilité dus au changement de sa structure lors des cycles de charge/décharge. De plus, il est très réactif vis-à-vis des électrolytes liquides utilisés entraînant des risques d'échauffements excessifs, des dégagements gazeux, voire même l'explosion de l'accumulateur. La technologie lithium métallique est de moins en moins explorée du fait de problèmes de sécurité qu'elle engendre. Ainsi, la technologie dite lithium-ion a vu le jour afin de contourner cette difficulté.

- *Les accumulateurs Li-ion*

Les accumulateurs lithium-ion se distinguent des accumulateurs lithium métal par le fait que l'électrode négative n'est pas constituée de lithium métal mais d'un composé d'insertion du lithium, typiquement du graphite. Ainsi, le lithium n'est théoriquement jamais sous forme métallique dans les accumulateurs Li-ion.

Pendant la recharge, des ions lithium viennent s'insérer dans la structure de l'électrode négative en carbone graphité (Figure 1.5). Lors de la décharge, l'anode libère ces ions qui viennent se replacer dans la structure de la cathode.

L'électrode positive est constituée d'un oxyde du type $LiMO_2$. Actuellement, trois de ces oxydes sont utilisés dans ces batteries : LiCoO2, LiNiO2 et LiMn2O4. Le séparateur est constitué d'une membrane polymère microporeuse et l'électrolyte est une solution de $LiPF_6$ dans un mélange de solvants organiques.

Les accumulateurs Li-ion ont une densité d'énergie massique bien supérieure aux autres systèmes de l'ordre de 120 Wh/kg et 200 W/kg (Tableau 1.1). Ils sont donc performants pour toutes les utilisations car ils stockent une grande quantité d'énergie pour une faible masse et un faible volume. Leurs autres avantages sont nombreux : ils présentent une faible autodécharge, une cyclabilité élevée (>500 cycles). Ils peuvent fonctionner à basse température, typiquement jusqu'à -20°C, et représentent un danger limité pour l'environnement contrairement aux batteries au plomb et ce, malgré l'utilisation du cobalt qui se trouve en faible quantité.

La tension varie quant à elle de manière assez linéaire avec la profondeur de décharge, et est relativement peu influencée par la température ainsi que par la puissance de décharge. Cette caractéristique peut être mise à profit pour l'estimation de l'état de charge. Le respect des tensions de fin de charge est primordial pour préserver la durée de vie de la batterie et pour éviter tout problème de sécurité. En effet, en cas de surcharge, la structure des électrodes peut être modifiée de manière irréversible et l'on peut assister à la création d'un dépôt de lithium métallique, ce qui conduit à la détérioration de l'accumulateur voire à son inflammation si le lithium entre en contact avec l'air.

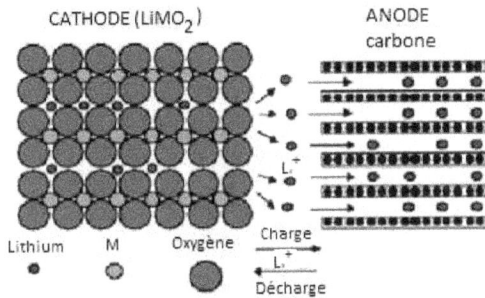

Figure 1.5 : Schéma de principe de la batterie Li-Ion

- *Les accumulateurs Lithium-polymère*

Une nouvelle technologie d'accumulateurs Li-ion a vu le jour récemment sur le marché des accumulateurs: les accumulateurs Lithium-polymère ou Li-ion polymère. Ces accumulateurs se distinguent de la technologie Li-ion par leur procédé de fabrication différent, mais reprennent la même technologie d'électrodes. Le remplacement de l'électrolyte liquide par un électrolyte solide a été envisagé. Les risques de contacts directs anode/cathode sont ainsi évités et la matrice d'insertion en carbone peut être supprimée augmentant la quantité d'énergie de la batterie. Ces batteries sont par conséquent compactes (Figure 1.6) et présentent une énergie massique élevée de l'ordre de 150 Wh/kg. Le procédé permet d'utiliser un emballage multicouche souple contrairement à la technologie classique qui demande un emballage rigide pour assurer la tenue mécanique de l'accumulateur.

Les métaux utilisés à l'électrode positive sont le vanadium (V), le nickel (Ni), le manganèse (Mn) et le cobalt (Co). L'électrolyte polymère doit posséder de bonnes caractéristiques mécaniques. Sa conductivité ionique est améliorée par addition de

23

sels conducteurs. Cependant, cette conduction reste faible et limite la puissance en décharge à environ 250 W/kg durant quelques secondes. La tension lors de la décharge varie peu avec l'intensité du courant et cette tension peut alors être utilisée afin de fournir une estimation de l'état de charge. De plus, aucune réaction chimique secondaire n'a lieu durant la charge, ce qui explique les rendements énergétiques très élevés (entre 90 et 100 %).

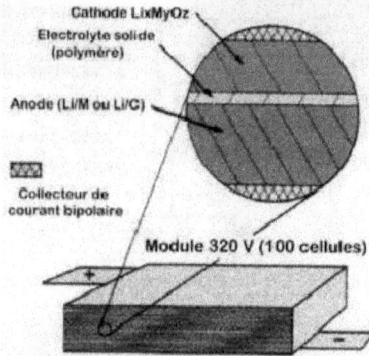

Figure 1.6 : structure d'une batterie Lithium-polymère

1.5.2.4.2. Principe de fonctionnement d'un accumulateur Li-ion

Durant la décharge, l'électrode négative est le siège de l'oxydation du lithium ($LixC_6$) qui produit x ions de Li^+ et x électrons. Les ions traversent l'électrolyte et vont à l'électrode positive où se produit la réduction d'un matériau par l'intercalation des ions Li^+. Ce type de matériaux a la particularité d'accepter des ions lithium en modifiant éventuellement leur structure. Les électrons alimentent en énergie le circuit extérieur. Durant la charge, les ions Li^+ effectuent le trajet inverse, les électrons étant fournis par le circuit extérieur (Figure 1.7). La réaction générale mise en jeu dans un accumulateur Lithium-Ion à oxyde $LiNiO_2$ est la suivante :

$$Li_{(1-x)} NiO_2 + Li_x C_6 \Leftrightarrow LiNiO_2 + 6C \qquad (1.1)$$

- **L'électrode positive** composée de structures en couches est constituée d'un oxyde du type $LiMO_2$ (M pour métal) pour les accumulateurs Lithium-Ion.

Actuellement, trois oxydes sont utilisables : $LiCoO_2$, $LiNiO_2$ et $LiMn_2O_4$. Vu le coût très élevé de l'oxyde de cobalt allié au lithium, seuls les deux autres oxydes sont utilisés. Pour une électrode positive composée de structures spinelles, on utilise des dérivés de $LiMn_2O_4$, $LiMnO_2$ et de $LiFeO_2$. Enfin, pour des accumulateurs lithium-métal ce sont l'oxyde de vanadium, l'oxyde de manganèse ou des polymères conducteurs qui sont utilisés.

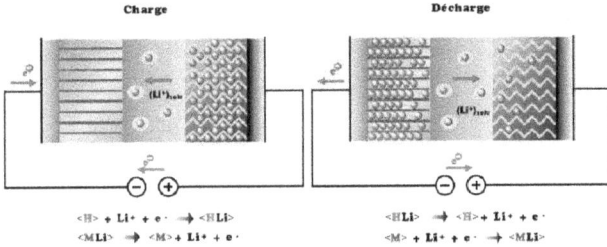

Figure 1.7 : Fonctionnement d'un accumulateur lithium-ion

- *L'électrode négative* est réalisée en composés carbonés : graphite, carbones hydrogénés, d'oxydes mixtes à base de titane. Elle sert de matériau d'insertion, elle n'est donc pas modifiée lors de la réaction.
- *Le séparateur* est constitué d'une membrane polymère microporeuse qui reprend les mêmes propriétés que celles des accumulateurs au plomb.
- *L'électrolyte* est une solution de $LiPF_6$ dans un mélange de solvants organiques. Il se trouve soit sous forme liquide, soit sous forme solide (polymère sec, polymère gélifié ou composé organique vitreux). Sa nature fixe la tension maximale d'utilisation de l'accumulateur. Pour un polymère sec, la tension maximale ne peut excéder 3.5V, alors qu'elle peut atteindre 4.8V pour un liquide ou un gel. De plus, le transport des ions ne modifiant pas l'électrolyte, la résistance interne est pratiquement indépendante de l'état de charge et ne varie notablement qu'avec la température.

1.5.2.4.3. Performances techniques

Les performances techniques des accumulateurs au lithium sont résumées dans le tableau 1.1.

1.5.2.4.4. Contexte industriel et économique

Les nombreux atouts des batteries Li-ion, notamment en termes de densité d'énergie, ont donc contribué à leur essor (Figure 1.11). Les années 2000 et 2001 représentent une période charnière pour la vente des batteries Li-ion. En effet, malgré la crise traversée par le marché de l'électronique portable qui a ralenti la vente des batteries, la technologie a continué à prospérer au détriment des technologies Ni-Cd et Ni-MH avec l'apparition des accumulateurs Li-polymère.

En 2004, la quantité de batteries Li-ion représente 40% en volume du marché mondial des accumulateurs (Ni-Cd, Ni-MH, Li-ion) et 72% du chiffre d'affaires (Figure 1.15).

Le coût des batteries au lithium s'échelonne de 700 à 1000 €/kWh. Les matières premières sont chères : graphite, cobalt, etc.

Hormis les applications portables, les volumes de production sont encore très faibles, ce qui justifie des coûts encore très importants. Les bonnes performances en termes de cycles et de plage de régime de décharge font des batteries au lithium un candidat potentiel pour des stockages court terme. Mais leurs nombreux inconvénients (recyclage, coût, performances à hautes températures, sécurité…) n'autorisent son utilisation qu'à très long terme.

1.5.2.4.5. Modularité des accumulateurs Lithium-Ion

Les accumulateurs Lithium-Ion ont également une tension par cellule assez faible comprise entre 3 et 3.9V.

Pour permettre une utilisation en électronique de puissance, les couplages série et parallèle sont indispensables. Mais contrairement aux accumulateurs plomb-acide où le couplage série ne pose pas de problème, les déséquilibres entre les différentes cellules élémentaires de Lithium-Ion provoquent des déséquilibres à la charge et à la décharge.

Tableau 1.1 : performances des systèmes électrochimiques au lithium

Type	Li Ion (4V)	Li Polymère (3V)
Température de fonctionnement	0 à 50 °C	+60 à +90°C
Energie	80 à 120 Wh/kg 150 à 250 Wh/dm^3	100 à 150 Wh/kg 150 à 220 Wh/dm^3
Nombre de cycles profonds	200 à 1000	300 à 600
Puissance massique permanente /30s	50 à 200 W/kg	50 à 250 W/kg
Rendement charge / décharge	énergie : de 85 à 100% faradique : de 90 à 100%	énergie : de 90 à 100% faradique : de 90 à 100%
Autodécharge	10% par mois	2 semaines à chaud quelques % par an à froid
Impact environnemental	<ul><li>sel de lithium et oxydes recyclés</li><li>solvant polymères et carbone inerte</li><li>utilisation du cobalt $\Rightarrow$ très toxiques</li></ul>	
Sécurité	<ul><li>problème de stabilité mécanique (Li-ion)</li><li>échauffement et risque d'explosion en surcharge (Li)</li><li>stockage longue durée : 30 à 50 du SOC</li></ul>	

En effet, une surcharge peut causer un emballement thermique et une destruction de l'enceinte totalement étanche de l'accumulateur. Or le lithium étant effectivement très réactif avec l'eau, cette rupture peut avoir des conséquences catastrophiques (explosion). Dans le cas d'une mise en série, il est donc fortement recommandé de contrôler la tension de chaque cellule élémentaire de façon précise. De plus, ces

27

batteries supportent assez mal les surcharges, car la structure des électrodes peut être modifiée dans ce cas, et la création d'un dépôt de lithium risque de nuire à l'accumulateur. L'insertion du lithium se fait trop vite et de façon non réversible ce qui diminue la durée de vie de l'accumulateur. Le domaine de température d'utilisation dépend de la stabilité et de la conductivité de l'électrolyte typiquement autour de la température ambiante, exception faite des polymères secs qui n'ont une conductivité suffisante qu'autour de 60°C.

Par ailleurs, la tension varie de manière assez linéaire avec la profondeur de décharge et est relativement peu influencée par la température ainsi que la puissance de décharge. Cette caractéristique peut être mise à profit pour l'estimation de l'état de charge.

Ces batteries sont encore sujettes à bien des améliorations [18-21] et on pense pouvoir porter leur énergie massique à une valeur de 170 Wh/kg dans les prochaines années.

1.5.2.5. Hydrogène

L'hydrogène apparaît aujourd'hui comme le vecteur énergétique le plus intéressant pour le stockage et le transport économique de très grandes quantités d'énergie. Ce sera donc la solution pour l'énergie solaire comme pour les autres formes d'énergie. La production d'hydrogène est la simplicité même. En stimulant de l'eau avec de l'électricité, on obtient de l'oxygène et de l'hydrogène, dans un processus appelé hydrolyse. On peut utiliser l'hydrogène de deux façons : on peut le brûler directement comme combustible pour faire de la chaleur, de l'électricité, ou dans un véhicule avec un moteur à combustion interne, on peut aussi en faire des piles à combustible.

Le système des piles à combustible met en œuvre trois équipements : électrolyseur qui consomme de l'électricité d'heures creuses pour produire de l'hydrogène, la pile à combustible qui utilise cet hydrogène pour produire de l'électricité aux heures de pointe et un réservoir tampon d'hydrogène pour assurer l'adéquation des ressources aux besoins.

L'hydrogène permet de créer une forme de stockage chimique de l'énergie pour une utilisation indéfinie ou à long terme, sans perte énergétique à la différence des batteries. De plus, le transfert de l'énergie d'un réservoir de stockage à un autre, nécessaire pour les applications transports par exemple, est beaucoup plus rapide dans le cas de l'hydrogène que pour de l'électricité.

Le stockage de l'énergie par le vecteur hydrogène est très avantageux lorsque l'on utilise des panneaux solaires ou des éoliennes : la production d'électricité de ses sources peut fluctuer en fonction de l'ensoleillement ou du vent, il est intéressant de stocker le surplus d'énergie pour la réutiliser quand cela est nécessaire pour les applications stationnaires ou pour alimenter des véhicules.

Il existe des centres de production d'hydrogène à partir d'électricité photovoltaïque et éolienne.

Il semble que l'hydrogène soit le combustible et le moyen de stockage d'énergie du future. Tout le monde l'affirme aujourd'hui et l'on parle de civilisation de l'hydrogène pour succéder à la civilisation du pétrole.

Le XXIe siècle pourrait voir la naissance d'une économie « électricité-hydrogène ».

L'hydrogène présente certaines caractéristiques physico-chimiques avantageuses d'un point de vue énergétique. C'est un gaz très léger (masse volumique = 0.09 kg/m^3, à 0°C) qui possède un pouvoir calorifique très élevé (33.3 kWh/kg, contre environ 14 kWh/kg pour le méthane.). Il est inodore, incolore, non polluant. Dans le contexte énergétique actuel, les propriétés physique et environnementale de l'hydrogène font de lui un vecteur énergétique de qualité en association avec l'électricité.

La production industrielle mondiale d'hydrogène gazeux atteint actuellement 56.6 millions de tonne par an. La quasi-totalité de l'hydrogène produit est utilisée dans l'industrie chimique et pétrochimique (synthèse de l'ammoniac et du méthanol, désulfuration des hydrocarbures). Seulement 1% de la production d'hydrogène est utilisée comme vecteur énergétique principalement dans le cadre des applications spatiales.

1.5.2.5.1. Le stockage de l'hydrogène

Il existe de multiples modes de stockage de l'hydrogène [22-25]. Si les deux premiers modes de stockage comprimé et liquéfié sont actuellement les plus utilisés, leurs performances ne satisfont pas totalement aux critères techniques qui définissent aujourd'hui le marché du stockage d'H_2. D'autres modes sont donc étudiés. L'évaluation des performances se fait surtout au niveau des densités volumétriques et gravimétriques (de l'hydrogène et de son dispositif de stockage) et des conditions générales de stockage et de déstockage de l'hydrogène (efficacité, vitesse, dispositif auxiliaire). Enfin, les critères de sécurité et de coût sont souvent déterminants pour convenir de la viabilité du mode de stockage.

Parmi les différents modes de stockage, il existe :

- des procédés physiques comme la compression, la liquéfaction ou l'adsorption sur des matériaux carbonés (charbons actifs, nanofibres et nanotubes de carbone) ;
- des procédés chimiques ($NaBH_4$, hydrures métalliques, fullerènes, NH_3, méthanol).

a) Les procédés physiques

La compression : le stockage sous forme comprimée est l'un des plus utilisés actuellement (Air liquide, Linde Gas, Air Product) : la pression varie entre 200-350 et 700 bar pour les pressions de stockage les plus élevées.

La compression adiabatique à plusieurs étages avec un refroidissement entre chaque étage est généralement effectuée.

Lors d'un remplissage rapide, on assiste à une augmentation de température. On peut évaluer à 10% du PCI de l'hydrogène l'énergie nécessaire pour comprimer ce gaz de 1 à 700 bars. L'hydrogène peut être stocké dans des bouteilles de 10 litres jusqu'à des réservoirs de 10000 m^3. Les bouteilles commercialisées actuellement (50 litres) permettent un stockage jusqu'à 350 bars. Il existe des réservoirs ronds ou cylindriques. Ces réservoirs sont en alliages métalliques très résistants à la corrosion.

30

Pour réduire davantage le poids, on tente d'introduire des polymères et des fibres de carbone dans la structure.

Les principaux inconvénients dont souffre cette technique sont :

- sa faible densité volumétrique,

- pour le stockage à hautes pressions, l'adaptation des auxiliaires : valves, capteurs, détendeurs.

On peut aussi stocker l'hydrogène sous terre sous forme comprimée. De même que pour le gaz naturel. Cette méthode n'est intéressante que pour les quantités importantes d'hydrogène.

__Liquéfaction__ : dans cette méthode, l'hydrogène est stocké sous forme liquide à -253°C. Le réservoir a souvent deux parois séparées par un espace pour éviter les pertes thermiques par convection. Cet espace peut être sous vide, ou bien constitué de matériaux super-isolants ou enfin rempli d'air liquide. Le réservoir est généralement en acier mais des matériaux composites sont développés afin de l'alléger. On atteint des densités énergétiques de 22 MJ/kg (rapporté au réservoir). Au vu de la faible température, les pertes thermiques sont inévitables de même que l'évaporation d'une partie de l'hydrogène. Néanmoins, les progrès techniques ont permis d'amener ce point à 1% d'évaporation/jour. Malgré tout, ce procédé reste très gourmand en énergie, puisque le coût énergétique de la liquéfaction de l'hydrogène est estimé à 30% de son pouvoir calorifique inférieur.

__Adsorption sur des matériaux carbonés__ : le stockage de l'hydrogène dans du charbon actif est connu depuis longtemps. Le remplissage se fait par adsorption. A température et pression ambiante, on atteint des densités énergétiques de 0,5 % massique, mais à très basse température (-186°C) et haute pression (60 bars), on peut atteindre des densités de 8% massique. Plus récemment, on a découvert des méthodes de stockage dans les nanofibres et dans les nanotubes en carbone dont l'efficacité reste encore à prouver. Ce type de stockage repose sur le principe suivant : un gaz peut être adsorbé en surface d'un solide où il est retenu par les forces de Van der Waals. Des travaux ont prouvé que les nanotubes et les nanofibres de carbone ont des propriétés intéressantes d'adsorption. Ce mode de stockage reste à l'état de recherche, notamment pour améliorer les performances grâce à l'utilisation de dopants et à l'amélioration de la fabrication de masse.

b) Les procédés chimiques

Les hydrures : certains éléments ont la propriété de former des liaisons covalentes ou ioniques avec l'hydrogène, permettant ainsi son stockage puisque le phénomène est réversible sous certaines conditions opératoires. Il s'agit par exemple du Palladium Pd, du Magnésium Mg, de $ZrMn_2$, Mg_2Ni ou d'alliages comme $FeTiH$, $LaNiH_6$, Mg-Mg_2Ni. Il existe deux classes d'hydrures : les hydrures haute et basse température, le stockage s'effectue à haute pression avec évacuation de chaleur. La pression de dissociation est fonction de la température : pour des températures entre 0 et 100°C, les pressions se situent entre 2 et 10 bar, mais elles atteignent 30 à 50 bars avec des températures plus élevées. Le déstockage a lieu à basse pression avec apport de chaleur. La densité d'énergie massique est faible pour les hydrures basse température : 1,5 MJ/kg (elle est plus intéressante d'un point de vue volumique : environ 3,5 MJ/l) ; elle augmente cependant pour les hydrures haute température : 4 MJ/kg (3,5% massique). Ovonics avance même des chiffres autour de 8 MJ/kg (7% massique). Le principal avantage de cette méthode réside dans le fait que l'hydrogène est stocké à l'état atomique, ce qui réduit considérablement les problèmes de sécurité liés à l'hydrogène gazeux. Mais les densités énergétiques sont encore limitées, la cinétique de remplissage est encore très lente et le coût de certains hydrures est encore trop élevé. Un système de 30 Nm^3 (90 kWh) coûte entre 80 et 280 € / kWh pour une masse de 230 à 420 kg et un volume de 60 à 90 litres.

NaBH₄ : cette méthode de stockage est celle mise au point par 'Millenium Cell', qui envisage ce type de stockage pour des applications portables, stationnaires et automobiles. Déjà PSA avec son prototype 'H_2O' et Ford avec 'l'Explorer' et la 'Crown Victoria' utilisent cette méthode de stockage. Ford étudie la faisabilité du projet visant une autonomie de 300 miles avec un plein de 35 gallons de mélange au lieu de 50 gallons. Le procédé est fondé sur la réaction entre le borohydrure de sodium $NaBH_4$ et l'eau qui produit de l'hydrogène et du borate de sodium $NaBO_2$. Elle nécessite la présence d'un catalyseur qui peut être à base de cobalt ou de ruthénium. Ce procédé permet l'utilisation d'un fluide non toxique, non inflammable, facilement manipulable qui peut être utilisé dans les applications automobiles et stationnaires ; il peut d'ailleurs être stocké dans des réservoirs traditionnels. Cette technologie offre aussi l'avantage d'être à température ambiante et faible pression et surtout de produire un hydrogène totalement pur de CO et autres impuretés.

Des challenges technologiques doivent encore être relevés. Des émissions spontanées d'hydrogène sont à éviter, des catalyseurs moins coûteux que le ruthénium doivent être développés (le cobalt requiert une température plus élevée). Enfin, le recyclage du $NaBO_2$ doit être envisagé.

1.5.2.5.2. Les dernières recherches du stockage d'énergie par hydrogène

Bien sûr l'hydrogène ne pollue pas lorsqu'on l'utilise mais il reste quand même pas mal de problèmes à régler :

- la production de l'hydrogène est énergivore,
- les PAC emploient comme catalyseur de 3 à 30g de platine par PAC. Pour équiper nos voitures, il faudrait au minimum 2 siècles de production.
- Des chercheurs californiens du Caltech ont publié dans la revue Science [26] une simulation de ce qui se passerait en cas de développement du moteur à hydrogène. En raison d'un taux de fuites important lors de sa production, on assisterait à une multiplication de 8 à 10 des molécules d'hydrogène dans l'atmosphère, ce qui entraînerait une rétraction de 7 à 8% de la couche d'ozone aux deux pôles.
- Le coût : l'hydrogène est 20 fois plus coûteux que le gaz naturel dans le meilleur des cas et la pile à combustible coûte 10 fois le prix d'un système propulsif classique même avec une cadence de 100000 unités par an. C'est pourquoi le CEA travaille actuellement à remplacer les matériaux précieux dans les PAC par d'autres.

Le tableau 1.2 résume les dernières recherches dans le domaine du stockage de l'énergie par l'hydrogène [27, 28].

Tableau 1.2 : Recherche dans le domaine du stockage de l'hydrogène [27,28]

Technologies	Avantages et Inconvénients	Schéma
Un alliage absorbant l'hydrogène : magnésium/titane	• Capable d'absorber plus de 5% de son poids en hydrogène, contre 1,4% pour les alliages usuels	
Un alliage pour le stockage et la détection de l'hydrogène: le $LaMg_2Ni$	• Capable de stocker d'impressionnantes quantités d'hydrogène à température et pression ambiantes et d'être isolant ou conducteur. • Il est trop cher et trop lourd, stocke 2% de sa masse en hydrogène, il faut 6% pour une autonomie de 500km Bel avenir dans la conception de détecteurs	$LaMg_2Ni$ (à gauche) et $LaMg_2NiH_7$ (à droite) Transition métal-isolant dans une éponge à hydrogène
Une nouvelle méthode pour le stockage de l'hydrogène : forme de pastilles de 1 cm3	• Méthode réversible, compacte et sans danger contiennent plus de 9% d'hydrogène en poids celui-ci est obtenu en désorbant l'ammoniaque qu'il contient puis en le passant dans un catalyseur à décomposition d'ammoniaque. • Bon marché (moins d'1 euro/k) • potentiellement un système sans émission de CO_2 Utilisation dans les piles à combustible	Pastille de stockage de l'hydrogène
Les fullerènes la solution pour le stockage de l'hydrogène	• Les fullerènes sont susceptibles de stocker des volumes d'hydrogène jusqu'à près de 8% Poudre stockée dans le réservoir du véhicule	Comparaison d'un fullerène avec le carbone
Technologie de stockage de l'hydrogène du CEA	• Technologie de stockage de l'hydrogène qui a décroché les meilleures performances • Réservoir en matériaux polymères composites • Stockage gazeux • Durée de vie : plus de 15 000 cycles de remplissage (20-875 bars) • Etanchéité : 20 fois inférieure à la valeur demandée par la norme (1 cm 3/L/h) • Sécurité : résistance à des pressions internes supérieures à 1645 bars • Autonomie d'environ 500 km pour une voiture disposant d'une PEMFC de 70 à 80 kW Trois réservoirs compacts de 3 fois 34 litres permet d'embarquer près de 4,5 kg d'hydrogène.	Réservoir de stockage de l'hydrogène du CEA

1.5.2.5.3. Les applications du stockage d'énergie par hydrogène

On peut potentiellement envisager l'utilisation d'un système de stockage d'énergie via l'hydrogène pour tout système électrique nécessitant de stocker de l'énergie.

Néanmoins, aujourd'hui, la mise en application de ce type de systèmes reste encore marginale. Il reste à fournir d'importants efforts de recherche et de développement afin de démontrer leur viabilité et d'identifier des applications bien adaptées à leur utilisation. S'il existe des niches de marché bien définies, leur commercialisation sera largement favorisée.

- **Les applications automobiles et portables**

Les applications automobiles bénéficient aujourd'hui d'un très large effort en termes de recherche et de développement [29-34]. Les constructeurs automobiles allouent en effet une large part de leur budget à l'intégration de la pile à combustible dans le véhicule, pour le transport urbain ou le transport individuel. De nombreux projets de recherche initiés par des instances gouvernementales (au niveau national, comme l'Agence Nationale de la Recherche, et international, comme la Commission Européenne, ou le Department Of Energy américain) sont en cours.

Les inconvénients des voitures électriques sont :

- Les batteries n'ont pas une grande autonomie (80km).
- Les batteries ont un rechargement long.
- Les batteries sont lourdes et coûteuses.
- Les batteries ont une durée de vie limitée (entre 3 et 4 ans).
- Le système de remplacement des batteries n'est pas installé.
- Les batteries usagées ne sont pas recyclables quand elles doivent être changées.
- Le plomb et l'acide sulfurique des batteries sont dangereux pour l'environnement.

Les applications portables ont toujours été une cible de choix pour le stockage d'énergie. Aujourd'hui, bien que les batteries au lithium représentent la majeure partie du marché du stockage d'énergie dans le domaine du portable, certaines niches de technologies avancées restent accessibles au stockage d'énergie via l'hydrogène et l'utilisation de la pile à combustible (DMFC), ce que montrent les activités de R&D en la matière.

- **Les applications stationnaires**

On recense à l'heure actuelle de nombreux projets de réalisation de systèmes électriques, intégrant entre autres, une source renouvelable et un stockage d'énergie via l'hydrogène [35-40]. La plupart de ces projets visent à démontrer la viabilité de ce type de systèmes.

Dans un premier temps, la mise en place de systèmes réels à diverses échelles de puissance permet la récupération de données dont l'analyse conduira à qualifier et quantifier divers paramètres, durée de vie, rendement et optimisation du fonctionnement des composants. A moyen terme, ces exemples d'installations réelles fourniront aux décideurs des arguments concrets pour envisager l'utilisation de l'hydrogène comme moyen de stockage d'énergie.

Séverine Busquet [35] présente, dans son mémoire, des installations réelles réalisées dans le cadre de projets de recherche et montre l'étendue des efforts engagés pour démontrer la faisabilité de tels systèmes. On peut ajouter quelques autres réalisations qui sont les suivantes :

- Installation de petite puissance : relais de télécommunication (150 W) en Espagne

(Projet FIRST).

- champ photovoltaïque : 1,5 kWcrête, de technologie CIS ; fabricant : WÜRTH ;
- électrolyseur : 1 kW, de technologie PEM, pression de fonctionnement : 30 bar ; développé par Fraunhofer ISE ;
- pile à combustible : 300 W, de technologie PEM fabriquée par NUVERA Fuel Cells Europe, système intégré par Air Liquide ;
- stockage d'hydrogène : hydrures métalliques, capacité : 70 Nm^3.

Ce projet, qui vise à une utilisation saisonnière du stockage d'hydrogène, est en cours de réalisation.

- Installation de moyenne puissance : habitat individuel en site isolé (4 kW), Projet PV-FC-SYS, CEP (Sophia-Antipolis, France).

36

- champ photovoltaïque de 36 m² (3,6 kWcrête) ;
- électrolyseur de technologie alcaline, zéro gap (3,6 kW) ;
- pile à combustible de type PEM (4 kW) ;
- stockage de gaz : hydrogène (4 Nm^3) et oxygène (2 Nm^3) à 10 bars.

Le projet européen PV-FC-SYS (1999-2002) a pour but d'étudier la faisabilité et d'expérimenter un système photovoltaïque/électrolyseur/pile à combustible pour la production d'énergie électrique en sites isolés. Ce banc a été dimensionné pour répondre à une charge de type habitat individuel d'environ 4 kW.

- Installation de moyenne puissance : charge de 5 kW au Québec.

L'institut de recherche de l'hydrogène, de l'université du Québec à Trois-Rivières, a réalisé un système hybride éolien-PV muni d'un stockage d'hydrogène, avec les caractéristiques suivantes :

- panneau solaire de 1 kWcrête ;
- éolienne de 10 kW ;
- électrolyseur : technologie alcaline de 5 kW avec système de compression ;
- stockage d'hydrogène sous forme comprimée : volume de 3,8 m^3 sous 10 bar ;
- stockage batterie : 42,24 kWh installés.

Le rendement global de l'électrolyseur et du système de compression est de 60 %, le rendement de l'électrolyseur seul étant de 65 %. Le rendement maximum du système pile à combustible est de 45 %. La faisabilité technique d'un tel système a donc été prouvée et la phase d'expérimentation a permis d'obtenir des résultats prometteurs d'un point de vue technique.

- Le cas des fortes puissances : si l'on se réfère à un système de stockage d'énergie constitué d'un électrolyseur, d'une pile à combustible et d'un stockage de gaz, les applications très forte puissance (> 10 MW) semblent a priori difficilement envisageables à court et moyen terme. Les freins technologiques et socio-économiques sont encore nombreux. Il est vraisemblable de penser qu'une utilisation décentralisée de l'hydrogène électrolytique est plus appropriée pour de telles applications, qui dépendent souvent de l'infrastructure locale (géographie et activité industrielle du lieu d'implantation). La distribution et l'acheminement de l'hydrogène jusqu'à l'utilisateur final prend alors une part prépondérante dans la problématique générale.

Prenons le cas d'un site industriel avec, à proximité, un site pétrochimique, une zone urbaine et une ferme éolienne : la production in situ de l'hydrogène serait assurée par une usine de production électrolytique alimentée par de l'électricité produite à partir de la source renouvelable. La création d'un réseau d'hydrogène permettrait la distribution de gaz à différentes fins :

- pour le site industriel : désulfuration des hydrocarbures par exemple ;
- pour un utilisateur individuel : alimentation d'une pile à combustible pour produire électricité et chaleur ;
- pour être stocké dans le but d'une utilisation ultérieure.

Cette utilisation combinée de l'hydrogène électrolytique doit être envisagée dans un cadre bien plus général et dépasse la problématique du stockage.

1.5.2.5.4. Hydrogène pour le stockage photovoltaïque

Il existe une grande diversité de moyens de stockage d'énergie, chacun étant adapté à une application donnée. Les batteries au plomb répondent bien à la problématique du stockage courte durée dans les applications stationnaires isolées. C'est d'ailleurs la technologie la plus utilisée aujourd'hui pour ce type d'applications. Elles bénéficient d'un retour d'expérience de plus de cinquante ans. La production de masse des batteries de démarrage a permis d'atteindre des coûts très compétitifs. Elles restent cependant perfectibles en termes de durée de vie 5 à 8 ans selon les conditions d'utilisation. Leur remplacement est envisagé à moyen ou long terme. Les batteries au lithium présentent des performances intéressantes [33]. Mais elles nécessitent encore des développements conséquents avant d'envisager leur utilisation dans les systèmes électriques autres que portables et automobiles.

Bien qu'il ne soit pas incontournable dans la plupart des systèmes électriques, le stockage d'électricité engendre différents bénéfices selon le cadre de son application.

En particulier il peut fiabiliser l'intégration de l'énergie photovoltaïque et accroître son taux de pénétration dans les réseaux interconnectés.

Pour les systèmes autonomes utilisant une source renouvelable comme seul apport d'énergie, la présence du stockage est indispensable pour pallier l'intermittence de la production d'électricité. Le choix de la technologie employée se porte généralement sur les batteries au plomb. Cependant, cette option n'est pas totalement satisfaisante en raison de certaines contraintes liées à leur fonctionnement. Leur hybridation avec un stockage longue durée peut alors constituer une solution alternative.

On peut aussi considérer leur remplacement, à moyen terme, par des technologies plus innovantes telles que les batteries au lithium ou le stockage d'énergie à base d'hydrogène (USEH). Certaines de leurs caractéristiques techniques constituent des atouts essentiels pour leur utilisation dans les systèmes stationnaires.

Le stockage d'énergie via l'hydrogène produit par électrolyse de l'eau associé aux sources d'énergie renouvelables répond bien à la problématique posée par le contexte énergétique actuel. Il faut trouver des solutions énergétiques alternatives et durables répondant à la diminution des énergies fossiles, ne participant pas à l'effet de serre et permettant de généraliser l'accès à l'électricité. Mais envisager à moyen terme son utilisation à grande échelle nécessite la validation de certains aspects techniques. Il reste d'importants efforts à fournir en matière de R&D avant de voir cette technologie atteindre la production de masse et supplanter les technologies classiques. Parallèlement, il est important d'en identifier les débouchés potentiels. Le secteur automobile est certainement le plus avancé en termes d'activités de recherche, mais ne se prête pas à l'utilisation de ce type de stockage, essentiellement pour des raisons de compacité et d'efficacité.

Nous avons montré qu'il existe des cas d'applications pour lesquels l'utilisation du stockage d'énergie via l'Hydrogène peut être préconisée, permettant d'obtenir des meilleurs rendements du système complet, de maximiser l'utilisation de la ressource renouvelable et d'obtenir un dimensionnement des composants plus intéressant que si on utilisait des batteries.

Le stockage de l'hydrogène devra nécessairement faire l'objet de progrès technologiques majeurs en termes de performances principalement au niveau des densités de stockage et de fiabilité au niveau sécurité pour initier la commercialisation à grande échelle de l'USEH.

1.5.2.6. Le stockage par pile à combustible

La pile à combustible, fonctionnant avec l'hydrogène comme carburant, repose sur le principe de production de l'électricité par conversion directe de l'énergie chimique du combustible. Celle-ci ayant la particularité d'utiliser deux gaz : l'hydrogène H_2 et l'oxygène O_2 comme couple électrochimique, les réactions d'oxydoréduction qui s'opèrent dans la pile sont donc particulièrement simples. La réaction se produit au sein d'une structure essentiellement composée de deux électrodes (anode et cathode) séparées par un électrolyte, matériau permettant le passage des ions. Les électrodes mettent en jeu des catalyseurs pour activer, d'un côté, la réaction d'oxydation de l'hydrogène et de l'autre côté, la réaction de réduction de l'oxygène [41].

Ce sont des concurrents sérieux pour les accumulateurs où la recharge s'effectue par inversion des phénomènes électrochimiques.

A l'origine, ce sont des applications militaires. Elles remplacent les groupes électrogènes. Des recherches sont en cours en vue de l'adapter au véhicule électrique [33, 42, 43]. Ce sont soit des piles à combustible, soit des générateurs à recharge mécanique (Zn-air ou Al-air).

Le gros avantage des piles à combustible est leur rendement énergétique élevé : 40 à 45% de l'énergie est transformée en électricité contre 30% pour un diesel ou turbine à gaz, 35% pour les centrales thermiques. Le système est également silencieux.

- La pile à combustible H_2-air

L'électrolyte est fixé sur une matrice poreuse pour éviter qu'il n'envahisse les pores des électrodes. (Voir figure 1.8).

$$2H_2 + O_2 \rightarrow 2H_2O \tag{1.2}$$

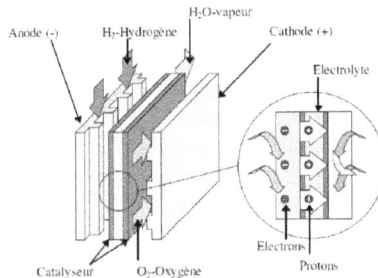

Figure 1.8 : La pile à combustible H_2-air

- *Le générateur Al-air*

Il présente des caractéristiques intéressantes en termes d'énergie massique (400 Wh/kg pour une autonomie de 100h) et il est en cours d'adaptation au véhicule électrique. L'électrode à air fonctionne en milieu alcalin (hydroxyde de potassium KOH, NaOH ou NaCl). Elle réalise continuellement la réduction de l'oxygène de l'air en ions OH⁻, c'est une électrode analogue à celle utilisée dans les piles à combustibles H_2-air. L'électrolyte constitue le combustible, mais l'électrode d'aluminium est oxydée lors de la décharge sous la forme d'aluminate de potassium ou de sodium. Les aluminates peuvent être redécomposées dans un organe annexe pour redonner du KOH ou NaOH et Al_2O_3, H_2O. L'aluminium n'étant pas régénérable électriquement à partir des aluminates, le fonctionnement du système impose donc le remplacement périodique de l'électrolyte et de l'électrode d'aluminium. La réaction globale est :

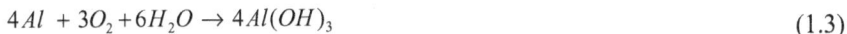

$$4Al + 3O_2 + 6H_2O \rightarrow 4Al(OH)_3 \tag{1.3}$$

Cette réaction s'effectue jusqu'à consommation complète de l'électrode d'aluminium ou ouverture du circuit externe (pas de phénomène d'autodécharge de la pile). La tension de la pile à électrolyte KOH est d'environ 1,2V.

41

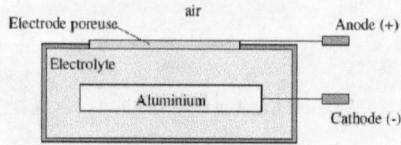

Figure 1.9 : Principe de fonctionnement du générateur Al-air

- Le générateur Zn-air

C'est un générateur similaire à la pile Al-air sauf que l'électrode Aluminium a été remplacée par du Zinc. Son rendement électronique est plus faible (2 électrons de valence au lieu de 3). Utilisé à l'origine au Japon et en France, il semblait être une des voies les plus prometteuses pour la traction, notamment sous la forme de réacteur triphasique avec des particules de zinc en suspension. Il est actuellement à l'essai en Allemagne pour le véhicule électrique utilitaire. La recharge s'effectue par remplacement de l'électrode en zinc et l'électrode à air ne nécessite pas de platine ou de palladium pour les catalyseurs mais peut utiliser du carbone.

Il existe actuellement 5 technologies de piles à combustible classées selon la nature de leur électrolyte dont résulte leur température de fonctionnement, basse (<150°C), moyenne (200°C), haute (650°C-1000°C) [44].

- ✓ Les piles alcalines (AFC pour Alkaline Fuel Cell)
- ✓ Les piles à membranes polymères échangeuses de protons (PEMFC pour Proton

Exchange Membrane Fuel Cell)

- ✓ Les piles à acide phosphorique (PAFC pour Phosphoric Acid Fuel Cell)
- ✓ Les piles à carbonates fondus (MCFC pour Molten Carbonate Fuel Cell)
- ✓ Les piles à oxydes solides (SOFC pour Solid Oxide Fuel Cell).

Les principaux avantages de la pile à combustible sont :

- • un rendement énergétique élevé, notamment en cogénération où l'on peut atteindre 80% ; le rendement électrique est de l'ordre de 40% à puissance nominale, ce qui reste supérieur à celui des moteurs thermiques (de l'ordre de 20 à 30%) ;

- un impact environnemental très faible : émission d'eau pure lorsqu'elle n'est alimentée que par de l'hydrogène pur ; pas ou peu de bruit ;
- sa modularité en termes de dimensionnement : la puissance et l'énergie sont découplées.

L'inconvénient majeur de la pile à combustible est son coût qui reste encore très élevé : entre 2000 et 15 000 €/kW selon la technologie et la gamme de puissance. Le module Nexa de Ballard coûte environ 2000 €/kW. A titre indicatif, les coûts cibles donnés par le DOE (US Department of Energy) sont pour :

- les applications stationnaires 1000 €/kW (40 000 h de fonctionnement);
- les applications automobiles : 100 €/kW (4 000 h de fonctionnement) [45, 46].

1.5.2.7. Le stockage inertiel

Les systèmes modernes de stockage d'énergie par volant d'inertie sont constitués de cylindre creux en composite, couplés à des moteurs générateurs, avec des paliers magnétiques, le tout installé dans des enceintes sous vide afin de réduire les frottements [47].

1.5.2.8. Le stockage dans les batteries oléopneumatiques

Les batteries oléopneumatiques en cours de développement en ces premières années du 21ème siècle permettent de stocker l'énergie grâce à l'usage de liquide et de gaz sous pression.

Le système est composé d'un réservoir et d'une turbine à gaz couplée à un compresseur pouvant être déconnecté et faisant partie d'un système moteur générateur.

Par leur durée de vie, leur facilité de fabrication et leur recyclage en fin de vie, elles promettent des possibilités uniques en matière de stockage d'énergie, en particulier pour assurer le tampon pour les énergies produites de façon non continues comme le solaire et l'éolien ou au contraire de façon continu mais peu modulable comme le nucléaire [5].

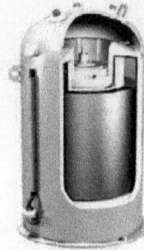

Figure 1.10. Stockage inertiel. Beacon Power 7kWh-2kW

1.5.2.9. Le stockage par inductances supra conductrices

Ces systèmes stockent de l'énergie dans le champ magnétique créé par un courant continu parcourant une bobine faite de matériaux supra conducteurs.

Afin de maintenir le conducteur dans son état supra conducteur, il convient de l'immerger dans un bain d'azote liquide ou d'hélium liquide dont la température est maintenue par un cryostat.

Comme les volants d'inertie, ces systèmes ont la faculté de pouvoir décharger la totalité de l'énergie emmagasinée, à l'inverse des batteries. Ils sont très utiles dans les applications qui nécessitent de fonctionner continuellement avec une charge et une décharge totales et un très grand nombre de cycles. Ils sont aujourd'hui commercialisés dans des gammes de puissance de 1 à 100 MW [5].

1.5.2.10. Les supercondensateurs

Un supercondensateur se présente sous la même forme qu'un condensateur électrochimique classique à la seule différence qu'il ne possède pas de couche diélectrique dans sa partie électrolytique liquide. L'isolement entre les deux électrodes se fait par l'intermédiaire du solvant contenu dans l'électrolyte. En effet, ces super condensateurs n'exploitent pas la polarisation diélectrique pour le stockage de l'énergie mais la double couche électrique qui apparaît à l'interface électrode-électrolyte [48-50].

44

Tableau 1.3 : Résumé des différents couples électrochimiques les plus utilisés

Batterie Couple	Energie spécifique /Poids(Wh/kg)	Puissance (W/kg)	Tension d'une cellule (V)	Nombre de cycle	Température de Fonctionnement (°C)	Remarques
Nickel-Fer Ni-Fe	50-60	80-150	1,2	900	-20°C	- la capacité décroît très fortement avec la température - efficacité électrique petite
Plomb Pb-PbO2	35-50	150-400	2	600 à 1000	20 à 50	Très utilisé
Nickel Hydrogène Ni-H2	56		1,2	10000 interne	-20 à +60	- doit résister à de forte pression -servent d'accumulateur pour stocker le surplus d'électricité fournit par des panneaux solaires sur les satellites
Nickel Cadmium Ni-Cd	40-60	80-150	1,2		20 à 50	Existe commercialement mais très cher
Nickel Zinc Ni-Zn	70-100	170-260	1,5	600 à 1000	20 à 50	Vie cyclique petite
Sodium Soufre Na-S	100				325	
Lithium ion Li-ion	80-180	200-1000	3,9		-20 à +55	Existe commercialement dans de petites dimensions.
Nickel Métal Hybride Ni-MH	60-80	200-300			20 à 50	Existe dans de petites dimensions utilisées dans le véhicule électrique hybride mais elles sont chères
Générateur Hydrogène Oxygène H2-O2	1,1				1000	
Générateur Zinc air Zn-air électrolyte au carbone	100-200	80-100		400 à 1800 pour l'électrode à air suivant le régime	600	utilisation jusque 80% de consommation de l'électrode en zinc rechargeables mécaniquement
Générateur Aluminium air Al-air électrolyte alcalin	400		1,2V		40 à 100	recharge par remplacement des électrodes et de l'électrolyte
Zinc-bromure Zn-Br	70-85	90-110	1.83			Sous développé
Vanadium redox V-H2O	20-30	110	1.26	16000		Etat de démonstration pour l'énergie stationnaire
Sodium sulfure Na-S	150-240	230	2.076			En développement
Sodium nickel chloride Na-NiCl2	90-120	130-160	2.58		175 to 400	Application dans le véhicule électrique

Tableau 1.4: Résumé des réactions électrochimiques des différents couples électrochimiques

Batterie Couple	Réaction globale
Nickel-Fer Ni-Fe	$2NiOOH + 2H_2O + Fe \underset{\leftarrow ch\,arg\,e}{\overset{déch\,arg\,e \rightarrow}{}} 2Ni(OH)_2 + Fe(OH)_2$
Plomb Pb-PbO2	$Pb + PbO_2 + 2H_2SO_4 \underset{\leftarrow ch\,arg\,e}{\overset{déch\,arg\,e \rightarrow}{}} 2PbSO_4 + 2H_2O$
Nickel Hydrogène Ni-H2	$2H_2O + 2e^- \underset{\leftarrow ch\,arg\,e}{\overset{déch\,arg\,e \rightarrow}{}} 2OH^- + H_2$
Nickel Cadmium Ni-Cd	$2NiOOH + Cd + 2H_2O \underset{\leftarrow ch\,arg\,e}{\overset{déch\,arg\,e \rightarrow}{}}$ $2Ni(OH)_2 + Cd(OH)_2$
Nickel Zinc Ni-Zn	$2NiOOH + Zn + 2H_2O + KOH \underset{\leftarrow ch\,arg\,e}{\overset{déch\,arg\,e \rightarrow}{}}$ $2Ni(OH)_2 + K_2Zn(OH)_4$
Sodium Soufre Na-S	$2Na + xS \underset{\leftarrow ch\,arg\,e}{\overset{déch\,arg\,e \rightarrow}{}} Na_2 + S_x$
Lithium ion Li-ion	$Li_{(1-x)}NiO_2 + Li_x C_6 \Leftrightarrow LiNiO_2 + 6C$
Nickel Métal Hybride Ni-MH	$ne + nH_2O + M \underset{\leftarrow ch\,arg\,e}{\overset{déch\,arg\,e \rightarrow}{}} MHn + nOH^-$
Générateur Hydrogène Oxygène H2-O2	$2H_2 + O_2 \rightarrow 2H_2O$
Générateur Zn-air à électrolyte au carboneé	$2Zn + O_2 + 2H_2O \rightarrow 2Zn(OH)_2$
Générateur Aluminium air Al-air Electrolyte alcalin	$4Al + 3O_2 + 6H_2O \rightarrow 4Al(OH)_3$
Zinc-bromure Zn-Br	$2Br + Zn \rightarrow ZnBr_2$
Vanadium redox V-H2O	$VO_2^+ + 2H^+ + V^{2+} \underset{\leftarrow ch\,arg\,e}{\overset{déch\,arg\,e \rightarrow}{}} VO^{2+} + V^{3+} + H_2O$
Sodium sulfure Na-S	$2Na + 5S \underset{\leftarrow ch\,arg\,e}{\overset{déch\,arg\,e \rightarrow}{}} Na_2S_5$
Sodium nickel chloride Na-NiCl2	$NiCl_2 + 2Na \underset{\leftarrow ch\,arg\,e}{\overset{déch\,arg\,e \rightarrow}{}} Ni + 2NaCl$

1.5.3. Comparaison et applications du stockage électrique

Les tableaux 1.5 et 1.6 donnent les caractéristiques des moyens de stockage de l'énergie électrique à petite et à grande échelle respectivement.

Il faut noter que le stockage par PAC réversibles peut figurer dans les deux tableaux.

- Dans la catégorie 1 des applications stationnaires de faible puissance, le point essentiel est une autodécharge la plus petite possible, les batteries électrochimiques sont alors les meilleurs candidats.
- Dans la catégorie 2 des petits systèmes en site isolé et faisant appel aux énergies renouvelables intermittentes, le critère essentiel est l'autonomie : la batterie reste le meilleur compromis coût/performance.
- Les solutions alternatives telles que l'air comprimé et la pile à combustible sont soient moins performantes, soit d'un coût trop élevé.
- Dans la catégorie 3 pour le lissage de pointe faisant appel à un stockage d'énergie élevé, l'air comprimé et les batteries de type redox sont les plus appropriés mais ces technologies restent à démontrer sur le terrain.
- Dans la catégorie 4 pour la qualité de puissance, les critères essentiels sont la capacité de restitution de l'énergie et le cyclage. Les systèmes inertiels et les super condensateurs sont les plus adaptés.

Les différents systèmes de stockage de l'énergie électrique peuvent être représentés dans un même plan appelé plan de Ragone (Figure 1.11). Ce dernier permet de comparer la puissance spécifique en fonction de la densité d'énergie des systèmes électrochimiques. Il montre que pour chaque technologie, il est possible d'avoir des batteries d'énergie ou de puissance.

Pour une même densité d'énergie, les batteries Li-ion présentent une meilleure puissance spécifique que les batteries Ni-MH. De même, pour une puissance spécifique équivalente, les accumulateurs Li-ion ont une meilleure densité d'énergie que les Ni-MH.

La figure 1.12 donne la puissance des différents systèmes de stockage en fonction du temps de décharge.

On remarque que le temps de décharge du stockage par les supercondensateurs est de quelques secondes à quelques minutes.

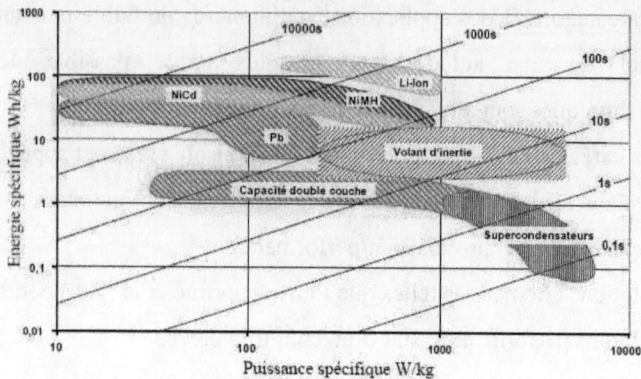

Figure 1.11. Comparatif des performances des sources d'énergies [43].

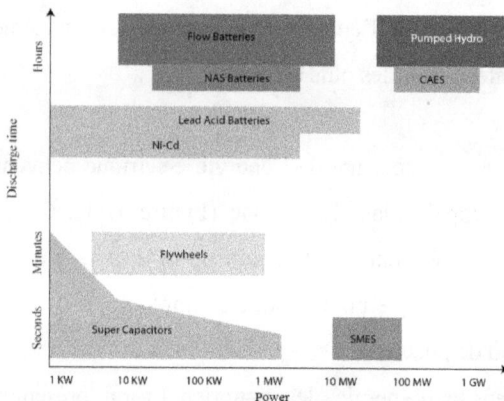

Figure 1.12. Puissance des différents systèmes de stockage en fonction du temps de décharge [17]

La figure 1.13 montre l'efficacité et la durée de vie des different modes de stockage. Les batteries au plomb acide ainsi que les batteries au sodium soufre (NaS) ont une faible durée de vie puisque leurs électrodes participent aux réactions électrochimiques. Par contre les supercondensateurs ont une durée de vie et une

48

efficacité plus grande. L'efficacité et la durée de vie influent sur le coût du système de stockage.

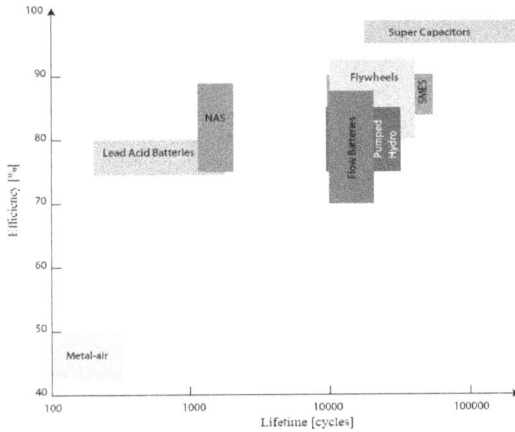

Figure 1.13. Comparaison entre efficacité et durée de vie des différents systèmes de stockage électrique [17]

La figure 1.14 donne le Coût d'investissement du kWh stocké ou du kW dans le cas d'un dimensionnement en puissance.

Pour les batteries au Pb-acide le coût est de 200$/kWh pour 1000 cycles, ce qui signifie 0, 15 $/kWh par cycle.

Les nombreux atouts des batteries Li-ion, notamment en termes de densité d'énergie, ont donc contribué à leur essor (Figure 1.15).

Les années 2000 et 2001 représentent une période charnière pour la vente des batteries Li-ion. En effet, malgré la crise traversée par le marché de l'électronique portable qui a ralenti la vente des batteries, la technologie a continué à prospérer au détriment des technologies Ni-Cd et Ni-MH avec l'apparition des accumulateurs Li-polymère. En 2004, la quantité de batteries Li-ion représente 40% en volume du marché mondial des accumulateurs (Ni-Cd, Ni-MH, Li-ion) et 72% du chiffre d'affaires.

49

Tableau 1.5 : Caractéristiques des moyens de stockage à petite échelle [51]

Technologie	Inductif Supra- conducteur	Super condensateur	Electro- chimique	Volant d'inertie	Air comprimé en bouteille	Hydrogène PAC réversible
Forme d'énergie	Magnétique	Electrostatique	Chimique	Mécanique	Air comprimé	Carburant
Densité d'énergie	1 à 5 Wh/kg	10 et 60 Wh/kg	20 à 120 Wh/kg	1 à 5 Wh/kg	8 Wh/kg 200 bars	300 à 600 Wh/kg 200 à 300 bars
Capacité réalisée	qq kWh	qq kWh	qq Wh à qq MWh	qq kWh à qq 10 kWh	qq kWh à qq 10 kWh	NA
Constante de temps	qq s à 1 mn	qq s à qq mn	qq 10 mn (NiCd) à qq 10 h (Pb)	qq mn à 1 h	qq h à qq jours	qq h à qq jours
Cyclabilité cause	10 000 à 100 000 fatigue mécanique	10000 à 100000	100 à 1000 dégradation chimique	10 000 à 100 000 fatigue mécanique	1000 à 10000 fatigue mécanique	??
Rendement électrique	> 0,9	0,8 à > 0,9 Selon régime	0,7 à 0,8 selon techno et régime	0,8 à > 0,9 Selon régime	0,3 à 0,5 Selon régime	0,3 à 0,5
Connaissance de l'état de charge	Aisé (courant)	Aisé (tension)	Difficile paramètres variables	Aisé (vitesse)	Aisé (pression)	Aisé (remplissage H2)
Coût €/kWh et €/kW	500 à 72000 ≈300	50000 à 150000 ≈300	Pb acide 50 à 200 Li 700 à 1000 250 à 1500	150 à 200 0 massif 25000composite 300 à 350	? ?	15 6000
Remarques	Cryogénie	Grande cyclabilité	Technologie mature	Cout global compétitif sur la durée de vie	Rendement faibles	Cotexte hydrogène

1.6. Etude économique et comparaison

Les générateurs photovoltaïques (PV) sont couplés à un système de stockage assurant une disponibilité en continue d'énergie. Généralement, le stockage est assuré par des batteries. Ces systèmes, appelés systèmes PV-Batteries, sont actuellement une des solutions les plus utilisées. Les batteries ont de très bons rendements, de l'ordre de 80-85 %, et un prix très compétitif, si l'on considère la technologie plomb. Mais ses inconvénients sont nombreux :

1) L'autodécharge peut atteindre 15 % par mois.

2) Les contraintes de fonctionnement sont nombreuses afin d'éviter la dégradation prématurée des batteries : pas de charge/décharge trop profonde, régime conseillé de charge/décharge, sulfatation en cas de stockage prolongé.

3) La durée de vie est variable entre 6 mois et 15 ans selon la technologie et son utilisation.

4) Un entretien régulier peut être nécessaire afin de maintenir un niveau suffisant d'électrolyte (cas des batteries ouvertes).

5) En ce qui concerne la sécurité, un local ventilé doit être dédié aux batteries et la maintenance demande des précautions.

Tableau 1.6 : Caractéristiques des moyens de stockage à grande échelle [51]

Technologie	Hydraulique gravitaire	Air comprimé en caverne	Batteries électrochimique	Batteries à circulation	Thermique
Forme d'énergie	Gravitaire	Air comprimé	Chimique	Chimique	Chaleur
Densité d'énergie	1 kWh/m3 pour une chute de 360 m	12 kWh/m3 de caverne à 100 bars	Pb acide 33 kWh/t Li ion 100 kWh/t	33 kWh/m3	200 kWh/m3
Capacité réalisable MWh	1000 - 100000	100 - 10000	0.1 - 40	10 - qq 100	1000 - 100000
Puissance Réalisable MW	100 - 1000	100 - 1000	0.1 - 10	1 – qq 10	10 - 100
Rendement Électrique %	65 - 80	50 avec apport de gaz naturel	70 au moins en décharge profonde	70	60
Installations existantes	100 000 MWh 100 MW	600 MWh 290 MW	40 MWh 10 MW	120 MWh 15 MW	…….
Coût €/kWh et €/kW	70 à 150 600 à 1500	50 à 80 400 à 1200	200(Pb) à 2000(Li) 300(Pb) à 3000(Li)	100 à 300 1000 à 2000	50 350 à 1000
Maturité	Très bonne	Plusieurs expériences au Monde	Plusieurs expériences technologies matures	En développement	A l'état de projet
Remarques	Site avec retenues d'eau	Site avec cavernes	Métaux lourds	Produits chimiques	Indépendant des Contraintes géographiques

Les contraintes de fonctionnement décrites ci-dessus, imposent que la taille des batteries soit en regard de la puissance du générateur photovoltaïque, conduisant à une autonomie du système de stockage de 3 à 8 jours selon l'application. Du fait de ce stockage limité, pour qu'un tel système soit autonome, il doit être dimensionné par rapport au mois le plus défavorable. Par conséquent, l'excédent solaire produit lors des mois les plus favorables se trouve la plupart du temps mal valorisé.

Tableau 1.7: Coûts d'investissement et du kWh stocké pour les systèmes de stockage à petite échelle

	Pb	Li	NiCd	NiZn	NiMh	Super Cond	Redox	Zn-air	PAC	Volant d'inertie	Air comprimé
Coût nominal €/kWh	100 à 200	700 à 1000	200 à 600	50 à 200	600 à 750	100 000	150 à 600	?	?	?	350
Cycles	1500	500	3000	200	1000	100 000	1000	50	?	100 000	100 000
Coût de fonctionnement €/kWh	0.03 à 0.1 (1)	1.4 à 2 (1)	0.07 à 0.2 (1)	0.25 à 1 (1)	0.6 à 0.75 (1)	1	0.02 à 0.06 (2)	?	?	?	0.004 (2)

(1)- Coût de fonctionnement à 20% DOD et (2)- le prix n'inclut pas tous les éléments du système (pompes, maintenance…) ni les pertes énergétiques.

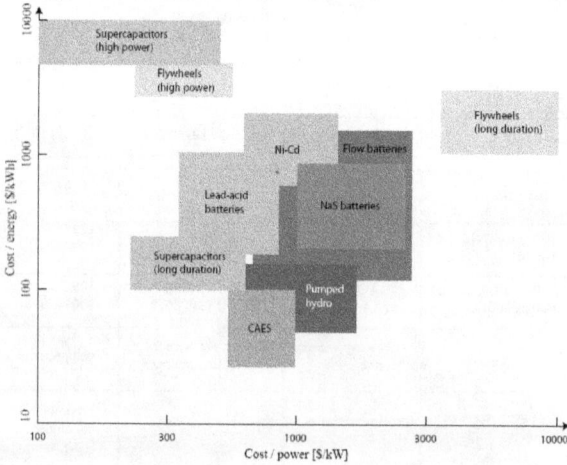

Figure 1.14. Coût spécifique par la puissance et l'énergie pour les différents systèmes de stockage électrique (2002) [17]

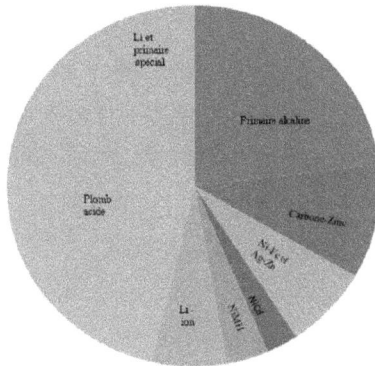

Figure 1.15. Estimation du marché mondial des batteries primaires et secondaires en 2003

Finalement, les systèmes PV- Batteries ne permettent d'alimenter qu'une charge limitée et seuls les appareils vitaux sont alimentés. Pour augmenter l'énergie délivrée par les systèmes PV-Batteries, un générateur diesel auxiliaire peut être ajouté. Ces systèmes, dits systèmes hybrides, sont généralement dimensionnés par rapport au mois le plus favorable, permettant de sous-dimensionner le générateur solaire et conduisant à une consommation importante de combustible tout au long de l'année. D'un point de vue environnemental, ces systèmes ne sont pas idéaux, consommant du fuel et produisant du bruit et des gaz à effet de serre.

Pour améliorer les systèmes PV-Batteries tout en conservant leur qualité de respect de l'environnement, une idée, apparue dans les années 90, est d'utiliser l'hydrogène pour stocker l'énergie à long terme. En effet, le gaz peut être produit par un électrolyseur, stocké sans perte importante quelle que soit la durée du stockage, puis converti en électricité dans une pile à combustible. Ces systèmes, appelés Solaire-Hydrogène ou PV-Hydrogène, présentent de nombreux avantages. Sans pièce en mouvement, l'électrolyseur et la pile à combustible ne produisent que très peu de bruit. De plus, on attend de ces composants une grande fiabilité, peu de contraintes de fonctionnement et une maintenance limitée. Cependant, l'utilisation de l'hydrogène comme stockage d'énergie augmente la complexité des installations. De nombreuses recherches ont été menées sur les systèmes Solaire-Hydrogène. Ces études se sont heurtées à la faible maturité des électrolyseurs et des piles à combustible.

Afin de confronter le lecteur à la réalité du monde économique, nous proposons de détailler les coûts des systèmes pour deux cas différents ; l'un étant favorable au stockage batteries, l'autre étant favorable à l'USEH.

Il ne s'agit pas ici de faire une étude économique détaillée sur le système de stockage via l'hydrogène, mais de donner un ordre de grandeur du coût des systèmes considérés. La plupart des technologies de l'USEH ne sont pas encore commercialement disponibles ou alors en petites séries, dans un secteur qui n'est pas encore concurrentiel. Aussi, les coûts pratiqués ne sont pas encore représentatifs d'un marché existant. Les calculs économiques concernent le coût total d'un système sur un horizon économique de 20 ans. Ce coût comprend le coût d'investissement initial (CII), le coût d'opération et maintenance et le coût de remplacement des composants sur la période considérée.

Les coûts indiqués sont en euros. Les taux d'inflations et d'intérêts n'ont pas été pris en compte.

Nous présentons tout d'abord les hypothèses de coûts des composants dans le tableau suivant :

- Cas favorable aux batteries

Les résultats des calculs de coûts global des systèmes (k€) ont donnés un coût de 165 pour le système qui utilise des batteries comme moyen de stockage d'énergie (PV-BATT) qui est bien moins important que celui du système utilisant l'USEH (hybridée ou non). L'hybridation du stockage (339 k€) permet tout de même de diviser par 2 le coût du système PV_USEH (643 k€). Le cas favorable aux batteries du point de vue technique, l'est aussi du point de vue économique.

- Cas favorable à l'USEH

Tableau 1-8 : Hypothèses de coûts des composants des systèmes

Composant	PV	Batterie au plomb acide	Electrolyseur	PAC	Stockage H_2 (20 bar à 600Nm^3)
Coût d'investissement initial (CII)	6€/Wc	150 €/kWh	8 €/W	5 €/W	35 €/Nm^3
Durée de vie	20 ans	5 ans	10 ans	0.5 an	5 ans
Coût opération et maintenance(en % du CII)	1	1	2	2.5	0.5

Ici encore, le coût total du système PV-BATT (305 k€) est moins élevé que les systèmes PV-USEH (802 k€) et PV-USEH/BATT (537 k€). Bien que l'utilisation de l'USEH conduise dans ce cas à de meilleures performances du système global, elle ne permet pas de réduire le coût du système global. En revanche, l'hybridation de l'USEH conduit une nouvelle fois à réduire le coût du système. On peut souligner qu'on assiste à une réduction importante de la puissance crête du champ PV en passant du système PV-BATT au système PV-USEH et au système PV-USEH/BATT. Or cette réduction se fait aux dépens de l'ajout d'un stockage de gaz dont la taille est ici très importante. C'est principalement ce composant qui vient pénaliser le coût des systèmes utilisant l'USEH.

Tant que les technologies de stockage d'énergie via l'hydrogène ne verront pas de progrès commercial conséquent, leur coût restera très élevé comparé au coût des batteries et donc prohibitif en terme économique. Les arguments favorables à l'essor de ces technologies ne se situent donc pas au niveau financier. On peut néanmoins s'attendre à des réductions de coûts à moyen terme associées au développement de ces technologies. Seules les évolutions du marché et du contexte énergétique nous permettront de statuer sur la viabilité économique de ce moyen de stockage d'énergie [8, 52, 53].

1.7. Conclusion

Le stockage de l'électricité est appelé à jouer un rôle croissant dans l'économie électrique. En effet, la dérégulation et la déréglementation sont en train de modifier en profondeur l'industrie électrique. Les avantages des systèmes de stockage sont nombreux : gestion de l'offre et de la demande, gestion de l'énergie, qualité de l'électricité, intégration des énergies renouvelables, etc. Depuis l'apparition de l'électricité, de nombreux systèmes de stockage ont été développés ; ces systèmes sont basés sur la mécanique, l'électricité ou l'électrochimie. Pour les installations de grandes puissances, les systèmes de pompages et turbinages sont les plus répandus. Malheureusement, les emplacements adéquats et disponibles sont de plus en plus rares aujourd'hui. Evidemment, d'autres techniques ont été développées : les volants cinétiques, le stockage par air comprimé, les supercapacités, les inductances supraconductrices ou encore les batteries avancées. Parmi elles, les électrolyseurs réversibles ont un potentiel certain dans le domaine du stockage stationnaire de puissance.

L'avenir des énergies renouvelables serait bien différent, lorsqu'on trouvera un moyen efficace de stocker l'énergie. Grâce à l'énergie solaire, on peut affirmer qu'il n'y aura pas, dans le futur, de problème d'approvisionnement en énergie mais seulement de stockage d'énergie.

La rentabilité d'un moyen de stockage dépend essentiellement de la valeur des services qu'il peut rendre, de son coût d'exploitation et, bien sûr, du coût de l'investissement.

Quelle que soit sa forme, on ne saura jamais surestimer le rôle du stockage de l'énergie. Il conditionne la venue de l'énergie solaire et il n'est pas actuellement possible de choisir le meilleur système d'accumulation pour une application donnée.

CHAPITRE 2

La batterie au plomb dans un système photovoltaïque

2.1. Introduction

Plus de dix milliards de batteries sont fabriquées dans le monde chaque année, avec un taux de croissance élevé dû aux besoins croissants de l'électronique portable et du véhicule électrique.

Trois grands domaines d'applications possibles sont aussi demandeurs dans cet important marché de la batterie :

- l'électronique portable,
- le transport,
- domaine professionnel (piles à combustibles).

La batterie au plomb - acide est la forme de stockage de l'énergie électrique la plus utilisée et la plus appropriée, en raison de son coût relativement bas et de sa large disponibilité. Les batteries alcalines nickel-cadmium, plus chères, sont utilisées dans des applications où la fiabilité est recherchée et vitale.

Après un examen sommaire d'un système photovoltaïque, une description plus détaillée sur les accumulateurs au plomb et de leurs modes de dégradation dans les systèmes photovoltaïques sera effectuée.

2.2. Système photovoltaïque

Un système photovoltaïque autonome se compose de quatre éléments:

- un champ de panneaux photovoltaïques
- un système de stockage de l'électricité
- un régulateur
- un onduleur (si la puissance est supérieure à 1kW)

L'énergie électrique est fournie par les panneaux photovoltaïques. Elle est ensuite dirigée vers le système de stockage ou vers l'utilisateur, directement ou via l'onduleur.

Le régulateur permet de gérer les échanges d'énergie entre les panneaux photovoltaïques, le système de stockage et l'utilisation.

La figure 2.1 présente un système photovoltaïque.

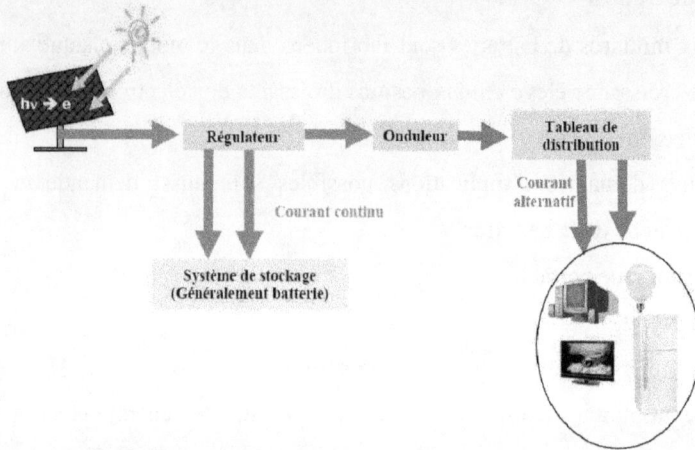

Figure 2.1 : Représentation schématique d'un système photovoltaïque

2.2.1. Panneaux photovoltaïques

Un panneau photovoltaïque est composé de modules photovoltaïques dont l'élément unitaire est la cellule. La figure 2.2 représente cette association permettant de former un module ou panneau. La fonction de la cellule est de convertir l'énergie provenant du soleil en électricité.

Cette cellule est réalisée à l'aide de matériaux semi-conducteurs. La structure la plus répandue est la jonction p - n du silicium. Une face est constituée de silicium de type n et l'autre face, de silicium de type p. L'absorption des photons par le semi-conducteur conduit à la création de paires électron-trou de part et d'autre de la jonction lorsque le semi-conducteur est éclairé par un rayonnement lumineux d'énergie supérieure à l'énergie de gap. Il y a alors création d'un champ électrique. Une différence de potentiel est créée (environ 0,5V). Les cellules peuvent être connectées en série ou en parallèle, si l'on veut obtenir une tension ou un courant plus important. Les rendements énergétiques des cellules demeurent faibles pour toutes les technologies (entre 4% pour les cellules organiques et 16% pour le silicium monocristallin).

Malgré cela, le photovoltaïque reste intéressant pour une production locale d'électricité, par exemple aux endroits où le réseau électrique n'est pas présent.

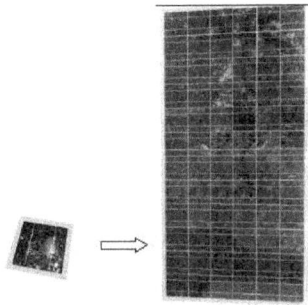

Figure 2.2 : Association de cellules photovoltaïques formant un panneau photovoltaïque

2.2.2. Système de stockage de l'électricité

Vu l'intermittence de la ressource solaire, un système de stockage est nécessaire dans le cas de systèmes photovoltaïques autonomes. Cette fonction exige une bonne fiabilité car le système de stockage assure la fourniture de courant lorsque l'ensoleillement est absent ou insuffisant. De plus, son coût ne doit pas être trop élevé. Ce coût correspond aux frais initiaux mais aussi aux coûts de maintenance et de renouvellement.

Ce sont les accumulateurs électrochimiques [14] qui sont le plus utilisés à l'heure actuelle en particulier l'accumulateur au plomb et l'accumulateur nickel-cadmium. Ce dernier présente quelques avantages, en particulier sa tenue à basse température et son aptitude à la décharge profonde, mais possède aussi plusieurs inconvénients par rapport à l'accumulateur au plomb : son prix reste 3 à 4 fois plus cher que l'accumulateur au plomb, un rendement de recharge moyen, une disponibilité limitée du cadmium.

De ce fait, l'accumulateur au plomb reste aujourd'hui le meilleur compromis technico-économique pour cette fonction. Sa disponibilité et son faible coût sont ses principaux atouts.

Dans ce chapitre, nous allons décrire les différentes technologies de cet accumulateur en précisant celles qui sont les plus adaptées aux systèmes photovoltaïques.

2.2.3. Régulateur

Le régulateur d'un système photovoltaïque est un dispositif électronique qui gère les échanges d'énergie entre les panneaux photovoltaïques et les accumulateurs. Cette fonction est essentielle pour prévenir les dégradations des accumulateurs. En effet, une décharge ou une surcharge trop importante ou répétée peut entraîner un vieillissement rapide de la batterie. Les modes de régulation sont fondés sur une mesure de la tension ou de la quantité d'ampères heure injectés dans l'accumulateur.

2.2.4. Onduleur

Les panneaux photovoltaïques fournissent un courant continu. Or l'utilisateur a généralement besoin d'un courant alternatif fonctionnant en 50Hz pour ses applications.

L'onduleur permet de transformer le courant continu en courant alternatif avec une fréquence connue. C'est un dispositif électronique statique.

2.3. La batterie au plomb

2.3.1. Introduction

Inventée par Gaston Planté en 1859, la batterie au plomb reste, par son prix de revient faible, sa fabrication aisée et sa bonne recyclabilité, le moyen de stockage le plus utilisé dans l'automobile pour le démarrage des moteurs à combustion interne. Elle est aussi utilisée pour des applications stationnaires notamment le stockage de l'énergie photovoltaïque. Malgré l'émergence et la concurrence de nombreux autres couples électrochimiques, les ventes relatives à cette technologie représentent plus de 60% du marché des accumulateurs. Cela représente 100 millions d'accumulateurs au plomb vendu chaque année dans le monde.

La fabrication de ces accumulateurs a connu des progrès techniques considérables qui ont porté sur la composition de la matière active, les additifs, les alliages de plomb, les séparateurs etc. Les applications et les types d'accumulateurs au plomb sont multiples [14, 54]. Un choix judicieux pour une application donnée nécessite donc une bonne connaissance des principes de fonctionnement et des besoins. Il existe des accumulateurs au plomb ouverts et étanches. Dans ce qui suit nous allons détailler le fonctionnement des accumulateurs ouverts qui sont de loin les plus utilisés dans les applications stationnaires.

2.3.2. Mécanismes de fonctionnement

Le fonctionnement de la batterie au plomb est décrit dans plusieurs références en particulier par Berndt [55, 56]. Bien que de nombreux auteurs se soient intéressés à la théorie de fonctionnement de la batterie au plomb, il a été mis en évidence la complexité des phénomènes mis en jeux et il semble qu'aucune description fine du mécanisme ne soit connue à ce jour. Parmi les diverses théories proposées, la théorie de la *double sulfatation* de Gladstone et Tribe en 1882 est celle qui semble faire l'unanimité pour la description des batteries au plomb. Cette théorie est fondée sur l'apparition simultanée de sulfate de plomb sur les deux électrodes lors de la décharge. Cette représentation a l'avantage d'être simple et de fournir un outil de vulgarisation accessible pour les utilisateurs de ce type d'accumulateur.

Parmi les auteurs qui ont proposé d'autres théories, nous citerons Fery qui avance une explication complémentaire à la double sulfatation. Il a émis l'hypothèse suivante :

Pendant la charge il se forme sur la plaque positive du peroxyde Pb_2O_5 tandis que la plaque négative est réduite à l'état de plomb spongieux.

Durant la décharge, un sous-sulfate Pb_2SO_4 prend naissance à l'électrode négative tandis que du bioxyde PbO_2 apparaît à l'électrode positive. La couleur noire de la plaque négative serait due au Pb_2SO_4 qui se transformerait rapidement à l'air en sulfate de plomb $PbSO_4$ (blanc) selon la réaction :

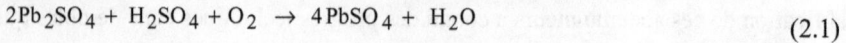

$$2Pb_2SO_4 + H_2SO_4 + O_2 \rightarrow 4PbSO_4 + H_2O \tag{2.1}$$

Ce qui expliquerait que l'on ne doit pas laisser une batterie au repos déchargée. Car si l'oxygène se dissout dans l'électrolyte et provoque cette réaction, il y a création d'une couche supplémentaire de sulfate de plomb et l'accumulateur ne peut être ramené que difficilement à l'état précédent (la batterie est dite sulfatée).

Chacune de ces théories est complémentaire des autres mais reste toujours incomplète.

Nous prendrons pour argument l'analyse chimique et cristallographique d'une électrode fait apparaître les composés de plomb suivant [57]:

αPbO : Oxyde de plomb à structure orthorhombique5

βPbO : Dioxyde de plomb à structure tétragonale6

$αPbO_2$: Dioxyde de plomb à structure orthorhombique.

$βPbO_2$: Sulfate de plomb à structure tétragonale

PbO_4 : lorsque le pH local est à -0,48

$PbSO_4$: Sulfate de plombeux (II)

Pb_2SO_4 : Sulfate de plomb (I)

Pb_3O_4 : composé d'oxyde de plomb

L'apparition de ces éléments dépend de paramètres tels que : les gradients d'acidité des solutions, la température, le degré de pureté des composants, les réactions engendrées par les composants des divers alliages.

La batterie est constituée d'une électrode positive en oxyde de plomb, d'une électrode négative en plomb et d'acide sulfurique comme électrolyte ($Pb/H_2SO_4/PbO_2$).

2.3.2.1. La décharge

• *Réaction à la plaque positive* [58]

L'acide H_2SO_4 se décompose avec l'oxyde de plomb PbO_2. Il en résulte la production d'eau H_2O, de sulfate de plomb $PbSO_4$, un dégagement d'oxygène O_2 et un manque de 4 électrons.

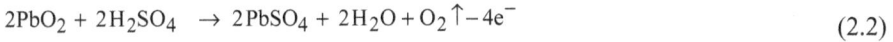

$$2PbO_2 + 2H_2SO_4 \rightarrow 2PbSO_4 + 2H_2O + O_2\uparrow - 4e^- \qquad (2.2)$$

Les électrons manquant seront fournit par la réaction à la plaque négative via le circuit extérieur. L'oxygène généré est guidé par les séparateurs microporeux en fibre de verre vers la plaque négative. La tension générée par cette réaction est d'environ 1,685V. Pendant cette transformation, la concentration de l'électrolyte diminue (consommation du H_2SO_4 et apparition d'eau H_2O).

Le rendement théorique de la réaction peut être de 0,229 Ah par gramme de Pb0$_2$ pour l'électrode positive mais elle est en réalité limitée par la surface réelle de l'électrode (surface d'échange), le régime de décharge, l'utilisation uniforme de la matière active.

• *Réaction à la plaque négative* [58]

L'électrode négative Pb se trouve en présence d'acide H_2SO_4 et de l'oxygène O_2 provenant de l'anode. Le plomb spongieux se transforme en sulfate de plomb $PbSO_4$ en libérant de l'hydrogène H_2 permettant ainsi la recombinaison de l'oxygène en H_2O.

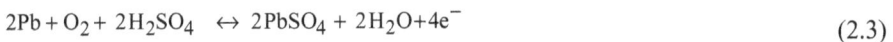

$$2Pb + O_2 + 2H_2SO_4 \leftrightarrow 2PbSO_4 + 2H_2O + 4e^- \qquad (2.3)$$

Cette réaction produit 4 électrons excédentaires qui rejoignent l'anode par le circuit extérieur. La tension générée par cette réaction est d'environ 0.35V (faible).

Pendant cette transformation, la concentration de l'électrolyte diminue (consommation du H_2SO_4 et apparition d'eau H_2O).

Le rendement théorique de la réaction à l'électrode négative est de 0,259 Ah par gramme de Pb, mais ce rendement est limité par le régime de décharge. À régime lent, ce rendement peut atteindre 70% mais en régime rapide il peut descendre à 10 ou 15% à cause de la transformation superficielle du Pb.

- *Réaction globale*

Le dioxyde de plomb PbO_2 des plaques positives et le plomb spongieux Pb des plaques négatives réagissent avec la solution d'acide sulfurique et se transforment peu à peu en sulfate de plomb. Il y a production d'électrons à la plaque négative et absorption des électrons à la plaque positive.

Le transfert des électrons d'une plaque à l'autre s'effectue par le circuit extérieur.

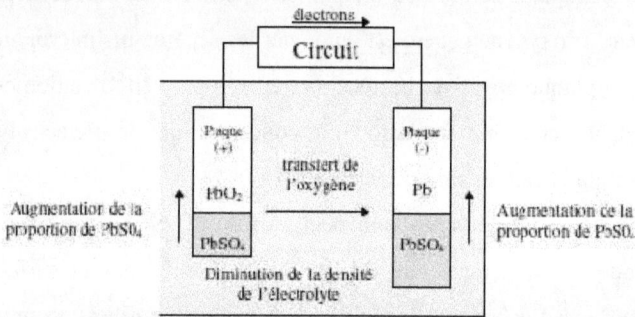

Figure 2.3 : Les réactions de l'accumulateur en décharge

La réaction chimique de l'accumulateur en décharge se résume par :

$$PbO_2 + 2H_2SO_4 + Pb \rightarrow 2PbSO_4 + 2H_2O \tag{2.4}$$

Ce qui traduit l'apparition de $PbSO_4$ simultanément sur la plaque positive et négative et l'apparition de H_2O dans l'électrolyte.

2.3.2.2. La charge

- *Réaction à la plaque positive*

L'énergie fournie par le chargeur permet de dissocier les molécules d'eau H_2O et de sulfate de plomb $PbSO_4$ pour recomposer les éléments acide sulfurique H_2SO_4 et dioxyde de plomb PbO_2. La réaction génère des ions H+ et libère 2 électrons qui transitent vers la plaque négative par le circuit électrique.

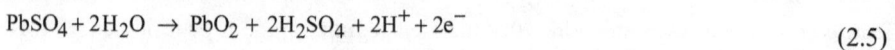

$$PbSO_4 + 2H_2O \rightarrow PbO_2 + 2H_2SO_4 + 2H^+ + 2e^- \tag{2.5}$$

- *Réaction à la plaque négative*

Les électrons et les ions H$^+$ sont recombinés avec le sulfate de plomb en plomb spongieux et en acide.

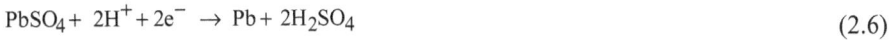

$$PbSO_4 + 2H^+ + 2e^- \rightarrow Pb + 2H_2SO_4 \qquad (2.6)$$

- *Réaction globale*

A l'inverse de la décharge, les matières actives positives et négatives qui ont été transformées en sulfate de plomb se retransforment peu à peu, respectivement en dioxyde de plomb PbO$_2$ et en plomb spongieux Pb. Le sens des électrons est fixé par le chargeur de batterie.

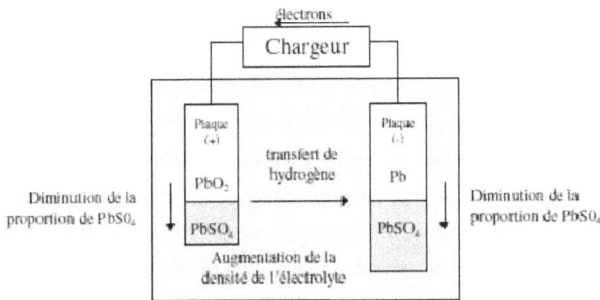

Figure 2.4 : Les réactions de l'accumulateur en charge

La réaction chimique de l'accumulateur en charge se résume par :

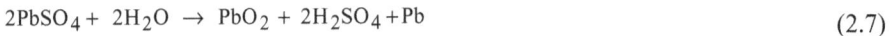

$$2PbSO_4 + 2H_2O \rightarrow PbO_2 + 2H_2SO_4 + Pb \qquad (2.7)$$

Ce qui traduit la disparition simultanée du sulfate de plomb PbSO$_4$ des électrodes et l'augmentation de la densité d'acide H$_2$SO$_4$ dans l'électrolyte.

2.3.2.3. La fin de charge

Quand la charge de la batterie approche le stade final, le courant de charge n'a plus comme fonction que la décomposition de l'électrolyte. Il en résulte une génération d'oxygène par les plaques positives et une génération d'hydrogène par les plaques négatives. En général, les gaz générés s'échappent de la batterie, provoquant une diminution de la quantité d'eau, ce qui nécessite de temps en temps un réapprovisionnement. Cependant, les batteries plomb étanches utilisent un mécanisme de recombinaison des gaz utilisant le surplus de $PbSO_4$ de la plaque négative.

En effet, le dégagement de l'oxygène et de l'hydrogène ne s'effectue pas simultanément et l'oxygène se dégage en premier.

$$2H_2O \rightarrow O_2 + 4H^+ + 4e^- \tag{2.8}$$

L'oxygène se dégage à la plaque positive vers le plomb spongieux de la plaque négative avant que ne commence le dégagement d'hydrogène sur cette dernière. Les conditions sont réunies pour qu'une réaction rapide entre le plomb et l'oxygène entraîne la formation d'oxyde de plomb :

$$2Pb + O_2 \rightarrow 2PbO \tag{2.9}$$

L'utilisation d'un séparateur spécial en microfibre de verre hautement poreux facilite la diffusion d'oxygène à l'intérieur de l'élément et permet d'obtenir cette réaction. Lorsqu'il se retrouve en présence d'une solution d'acide sulfurique (l'électrolyte), l'oxyde de plomb réagit pour former des sulfates de plomb:

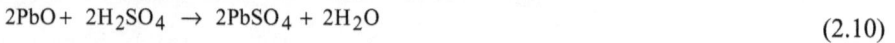

$$2PbO + 2H_2SO_4 \rightarrow 2PbSO_4 + 2H_2O \tag{2.10}$$

Le sulfate de plomb, déposé sur une surface dégageant de l'hydrogène, se trouvera à son tour réduit en plomb et acide sulfurique :

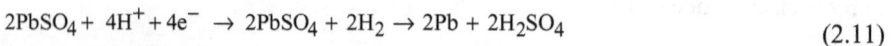

$$2PbSO_4 + 4H^+ + 4e^- \rightarrow 2PbSO_4 + 2H_2 \rightarrow 2Pb + 2H_2SO_4 \tag{2.11}$$

Si nous additionnons ces deux équations et que nous supprimons les termes identiques, nous obtenons l'équation suivante :

$$O_2 + 4H^+ + 4e^- \rightarrow 2H_2 + O_2 \rightarrow 2H_2O \tag{2.12}$$

Les réactions ci-dessus résument ce que l'on entend par recombinaison des gaz. Si le processus était efficace à 100%, la batterie ne perdrait pas d'eau.

Cependant, bien que les composants internes de la batterie soient conçus et fabriqués avec grand soin, le taux de recombinaison ne peut atteindre que 99%.

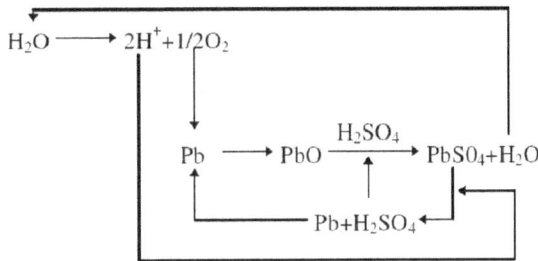

Figure 2.5 : Synoptique de la réaction (hypothèse de 100% de recombinaison)

2.3.2.4. Réaction chimique globale

En regroupant les réactions chimiques de charge, décharge et de fin de charge, nous obtenons l'équation simplifiée représentant le bilan des réactions au sein de l'accumulateur au plomb.

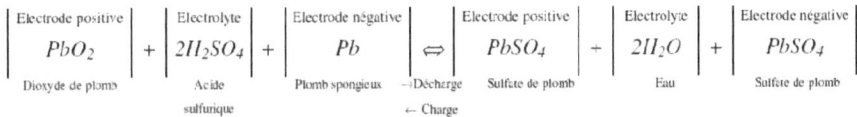

Figure 2.6 : Equation chimique globale de la batterie plomb

2.3.2.5. Réactions parasites

- **Autodécharge**

D'un point de vue thermodynamique, la batterie au plomb n'est pas un système stable. Des réactions parasites sont possibles. En effet la réduction des protons, l'oxydation de l'eau et la corrosion du collecteur de courant sont possibles mais ont des cinétiques très lentes.

Les réactions données plus haut restent les réactions principales en décharge. Les autres réactions conduisent à une autodécharge.

L'autodécharge est la perte de charge d'un élément au plomb. Elle dépend de nombreux facteurs, la présence des impuretés dans les matières actives ou dans l'électrolyte semble être une cause déterminante.

67

Les batteries à plaques épaisses, utilisant des matériaux purs, conservent leur charge durant de nombreux mois avec une perte négligeable.

Les réactions d'autodécharge sont les suivantes :

A l'électrode positive : le bioxyde de plomb réagit avec le plomb et l'antimoine de la grille du support suivant la réaction :

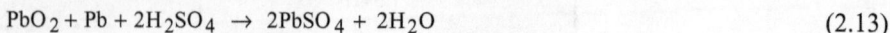

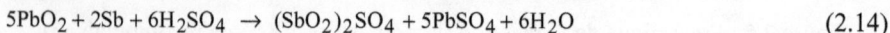

$$PbO_2 + Pb + 2H_2SO_4 \rightarrow 2PbSO_4 + 2H_2O \qquad (2.13)$$

$$5PbO_2 + 2Sb + 6H_2SO_4 \rightarrow (SbO_2)_2SO_4 + 5PbSO_4 + 6H_2O \qquad (2.14)$$

La vitesse de ces réactions diminue par suite de la formation de couches de sulfate de plomb mais la présence de Sb favorise la formation des pores dans la couche protectrice de sulfate. La vitesse de décharge s'élève donc avec la proportion de Sb dans l'alliage des supports.

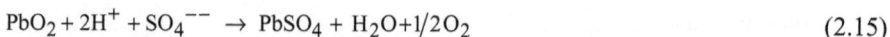

$$PbO_2 + 2H^+ + SO_4^{--} \rightarrow PbSO_4 + H_2O + 1/2O_2 \qquad (2.15)$$

Au bilan, l'autodécharge de l'électrode négative s'effectue selon la réaction suivante :

A l'électrode négative : la principale réaction est l'attaque du plomb par l'acide sulfurique avec un dégagement d'hydrogène selon la réaction suivante :

$$Pb + 2H_2SO_4 \rightarrow PbSO_4 + H_2 \qquad (2.16)$$

Cette réaction est très lente, mais la présence de l'antimoine Sb accélère sa vitesse. D'autres impuretés plus nobles que le plomb, ainsi que la présence des traces de H_2NO_3, HCl ou H_3Ca ont le même effet que le Sb.

L'oxygène dissous dans l'électrolyte provoque une deuxième réaction qui participe au phénomène de décharge selon la réaction :

$$Pb + 1/2O_2 + H_2SO_4 \rightarrow PbSO_4 + H_2O \qquad (2.17)$$

D'autres réactions de décharge conduisent à la décomposition de l'eau par le PbO_2. D'autre part, le PbO_2 oxyde les matériaux servant de séparateurs avec formation de sulfate de plomb. Enfin l'hydrogène dégagé à la plaque négative, après dissolution dans l'électrolyte, et oxyde à la plaque positive avec formation du Pb [59]. L'autodécharge augmentera : avec le vieillissement de l'accumulateur, au décharges

trop poussées, au mauvais entretien et aux températures très élevées (voir Figure 2.7)
[60].

- **Surcharge**

Lors d'une surcharge de la batterie, un phénomène de dégagement gazeux apparaît à
cause des réactions aux deux électrodes :

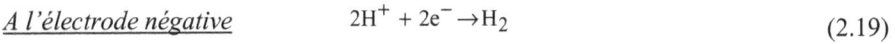

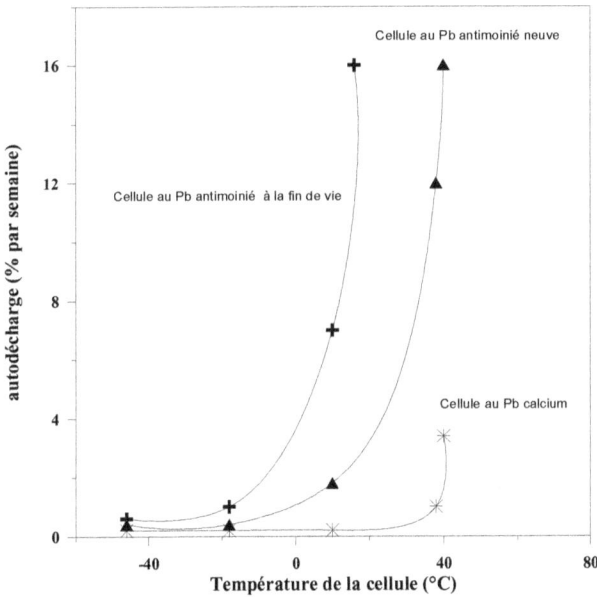

A l'électrode positive $\qquad$ $H_2O \rightarrow 1/2O_2 + 2H^+ + 2e^-$ $\qquad$ (2.18)

A l'électrode négative $\qquad$ $2H^+ + 2e^- \rightarrow H_2$ $\qquad$ (2.19)

Figure. 2.7 : Autodécharge dans une batterie au plomb en fonction de la température

Ces réactions nécessitent des surtensions positives et négatives élevées et ont donc
lieu à partir d'une différence de potentiel élevée. A l'électrode positive, la réaction
engendre une consommation d'eau non réversible dans une batterie ouverte car
l'oxygène s'échappe dans l'air contenu dans l'électrolyte. Ces batteries nécessitent de
la maintenance par ajout de l'eau distillée.

2.3.3. Fabrication des électrodes et formation

Les produits de base pour fabriquer la matière active de la batterie au plomb sont le plomb et l'acide sulfurique. Le protocole de fabrication est le même pour l'électrode positive et l'électrode négative. Il consiste en l'application de traitements chimiques conduisant à des électrodes empâtées. Un traitement électrochimique, appelé "formation" est alors effectué. Il mène à la synthèse d'une matière active positive (oxydation) et d'une matière active négative (réduction).

Les électrodes sont constituées de la matière active et du collecteur de courant.

2.3.3.1. Matière active

La première étape appelée malaxage consiste en l'élaboration de monoxyde de plomb qui se transforme en présence de l'acide sulfurique et d'eau en sulfate de plomb. Lors de cette étape différents additifs sont ajoutés pour améliorer la tenue mécanique, la résistance à la corrosion et la conductivité des électrodes.

2.3.3.2. Collecteur de courant

Le collecteur de courant, couramment appelé « grille », est le support de la matière active. Il est constitué d'un alliage de plomb. On distingue principalement deux types d'alliage : plomb-antimoine (noté Pb-Sb) et plomb-calcium-étain (noté Pb-Ca-Sn).

L'utilisation de ces additifs confère à ces alliages des caractéristiques mécaniques et électrochimiques supérieures à celles d'une grille en plomb pur. Pb-Sb est le premier alliage utilisé historiquement. L'ajout d'antimoine permet de faciliter l'accrochage de la matière active aux grilles, d'augmenter la dureté et d'améliorer la coulabilité lors de la phase de synthèse. Le pourcentage d'antimoine est inférieur à 3% car une quantité supérieure peut être nuisible. En effet, une des caractéristiques de l'antimoine est d'abaisser la surtension de dégagement d'hydrogène sur le plomb. Le dégagement gazeux s'effectue donc plus facilement lors de la recharge et peut entraîner une consommation de H^+ plus importante.

L'alliage Pb-Ca-Sn tend à se répandre aujourd'hui pour les batteries sans entretien (VRLA). Il renforce les propriétés mécaniques du collecteur de courant et sa résistance à la corrosion. Les teneurs en calcium sont de l'ordre de 0,1% et celles de l'étain d'environ 1% en masse. Par ailleurs, d'autres additifs peuvent être utilisés pour augmenter la résistance à la corrosion comme par exemple le cérium, l'argent ou le baryum.

2.3.3.3. De la grille à l'électrode

Après la phase d'empattage qui consiste à assembler les grilles et la matière active, les électrodes subissent la phase de mûrissage. Elles sont placées dans une enceinte à température et humidité contrôlées. Cette étape permet l'accrochage de la matière active au collecteur de courant et le séchage interne des électrodes. Elle conduit à la formation de sulfates de plomb et diminue la quantité de plomb libre permettant de diminuer les problèmes de courts-circuits et la perte de matière active lors du cyclage. Après la phase de mûrissage vient la phase d'imbition. Elle consiste en la transformation de la matière active en sulfate de plomb sous l'action de l'acide sulfurique. A l'issue de cette phase, les deux électrodes sont au même potentiel. Une phase de formation est nécessaire pour obtenir une électrode négative en plomb et une électrode positive en oxyde de plomb.

2.3.3.4. Formation

Cette étape est réalisée par électrolyse. A l'électrode positive, la matière active est oxydée en PbO_2 et à l'électrode négative, la matière active est réduite en plomb. Plusieurs paramètres sont ajustables lors de cette phase : la densité de l'électrolyte, la densité de courant appliquée, la température et la durée. La température ne doit pas dépasser 65°C pour éviter la dégradation de l'électrode négative. Au cours de cette phase de formation, il faut arriver à oxyder complètement la matière active à l'électrode positive en PbO_2. Les mécanismes de cette oxydation dépendent de la structure des sulfates d'origine. Ces mécanismes ont été étudiés par de nombreux auteurs et ne seront pas détaillés ici.

Parmi les travaux sur les mécanismes de formation, on citera notamment ceux de Pavlov [61, 62]. A l'issue de cette étape de formation, la matière active positive contient deux variétés allotropiques d'oxyde de plomb (appelées α et β) qui n'ont pas les mêmes morphologies et les mêmes propriétés électrochimiques. La forme β est la forme majoritaire dans la condition standard de formation. Il est d'une manière générale accepté que des capacités plus élevées soient atteintes quand le rapport β/α augmente en raison du meilleur pourcentage d'utilisation de βPbO$_2$, tandis qu'une augmentation du taux de αPbO$_2$ amène une meilleure stabilité en cyclage [57].

2.3.4. Technologies de batterie au plomb ouverte

2.3.4.1. Constituants d'une batterie ouverte

Sur la figure 2.8, on distingue les éléments constitutifs suivants :

1. *séparateurs microporeux* : ces séparateurs présentent une porosité uniforme et permettent une bonne circulation des ions tout en garantissant l'isolation électronique entre électrodes positives et négatives ;

2. *électrodes positives* ;

3. *séparateur en fibres de verre (AGM)* : celui-ci est combiné avec le séparateur microporeux afin d'augmenter l'isolation entre électrodes et d'assurer une bonne compression des électrodes négatives, tout en assurant la conduction ionique,

4. *collecteurs positif et négatif* : ils connectent entre elles les électrodes de même polarité et acheminent le courant vers les connecteurs externes. Leur dessin doit être réalisé de telle façon que le flux de courant provenant de chaque électrode soit le plus homogène possible;

5. *orifice d'accès* : celui-ci permet d'introduire un instrument permettant de mesurer la densité de l'électrolyte (liée à sa concentration), afin de renseigner l'utilisateur sur l'état interne de la batterie car la densité évolue lors du cyclage à cause du phénomène de surcharge et de la sulfatation dure, ou de réaliser la mise à niveau de l'électrolyte;

6. *orifice d'évacuation des gaz* : cet orifice permet l'évacuation des gaz produits durant le phénomène de dégagement gazeux. Il doit également empêcher une

étincelle externe ou des flammes d'atteindre l'intérieur de la batterie afin d'éviter tout risque d'explosion des gaz dégagés par l'électrolyte ;

7. *électrodes négatives ;*

8. *indicateurs de niveau d'électrolyte* : ces lignes indiquent les niveaux minimum et maximum d'électrolyte afin d'assurer un fonctionnement correct. L'utilisateur doit veiller à vérifier régulièrement ce niveau.

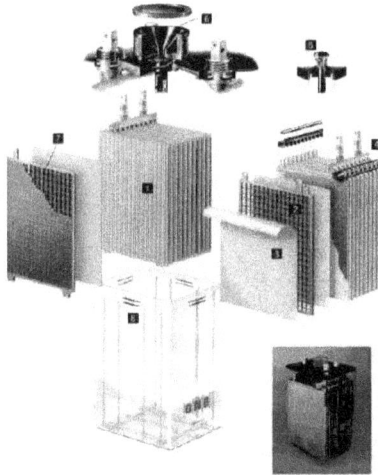

Figure 2.8 : Eclaté d'une batterie au plomb ouverte

2.3.4.2. Technologies de l'électrode positive

Il existe deux types principaux de technologies concernant l'électrode positive : celle-ci peut être soit une plaque plane, soit tubulaire (figure 2.9).

Les électrodes planes sont constituées de grilles formées d'un alliage de plomb, sur lesquelles est empâtée la matière active. Cette disposition permet des puissances supérieures grâce à l'optimisation des surfaces d'échange électrode/électrolyte.

Pour les électrodes tubulaires, la matière active est emprisonnée dans des gaines poreuses. La transmission du courant est alors assurée par des épines de plomb disposées dans ces gaines. Cette technologie permet une durée de vie supérieure, spécialement en cyclage profond, mais à un prix de revient plus important.

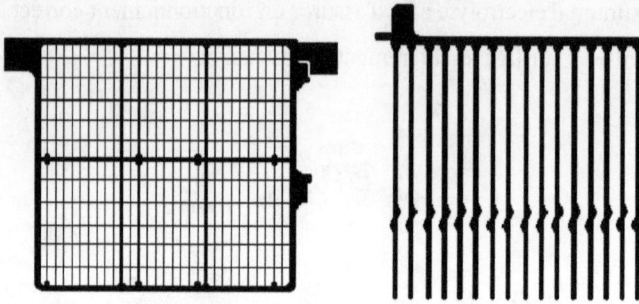

Figure 2.9 : grille de plaque plane épines de plaque tubulaire

Le tableau 2.1 indique les principales applications en fonction des différentes caractéristiques des éléments constitutifs d'une batterie.

Tableau 2.1 : Principales applications des batteries au plomb ouvertes

Densité de l'électrolyte à l'état chargé	Electrodes positives	Application	Alliage des grilles
1.24 à 1.27	Planes	Démarrage Stationnaire	Pb-Sb Pb-Ca
2.28 1.24	Tubulaires	Traction Stationnaire	Pb-Sb et Pb-Ca-Sn

La grille doit être aussi neutre que possible de manière à ne pas être altérée et déformée par les réactions chimiques. Elle est constituée d'un matériau aussi inattaquable que possible. Les plus utilisés sont les alliages de plomb/antimoine (Pb

+ 3%Sb) ou plomb/calcium et étain (PbO + 1%Ca+1Sn) qui ont les caractéristiques données par le Tableau 2.2.

2.3.5. Les caractéristiques de la batterie au plomb

Les paramètres de la batterie peuvent se classer en deux groupes : les accessibles et les inaccessibles.

Tableau 2.2 : Les alliages à base d'antimoine

Elément de l'alliage	Effet bénéfique	Effets négatifs
Antimoine faible (0,8-3 %) fort (3-11%)	Améliore la capacité de l'électrode positive à fournir des décharges profondes. Augmente la résistance de la grille	Crée un phénomène d'auto décharge Augmente la surcharge de courant causant la perte d'eau
Arsenic (0,05-0,3 %)	Améliore la résistance à la déformation des grilles	Risque possible de génération durant les surcharges
Sélénium (0,015-0,04 %) (Sulfure de cuivre)	Produit des grains fins et ronds élimine les craquelures Réduit la corrosion	Un mauvais contrôle de la température lors de la coulée élimine cet élément
Etain (0,05-0,5%)	Améliore la coulée	

- *les accessibles* représentés par les données physiques visibles et mesurables depuis l'extérieur de la batterie (température du bac, tension, courant et impédance, quantité d'énergie stockée). Ce sont ces grandeurs qui intéressent l'utilisateur et qui servent à définir les caractéristiques des accumulateurs. Parmi

- ces grandeurs, nous différencierons les grandeurs *externes* (courant, tension) et *internes* (résistance, état de charge).

Tableau 2.3 : Les alliages à base de calcium

Elément de l'alliage	Effet bénéfique	Effets négatifs
Calcium faible (0,03-0,09) fort (0,1-0,18%)	Améliore la conductivité électrique Diminue les phénomènes d'autodécharge	Difficile à doser et mélanger dans l'alliage en fusion (problème d'oxydation) Diminue la résistance à la décharge profonde
Etain (0,25-2%)	Améliore la coulée Augmente les caractéristiques mécaniques Décroît la polarisation de l'électrode positive	Coût
Aluminium (0,01-0,03%)	prévient la perte de calcium durant la coulée de la grille	
Argent (0,015-0,045%)	Augmente la résistance à la corrosion.	Très cher Augmente la fragilité des grilles

- *les inaccessibles* qui sont des grandeurs internes qui touchent la chimie et représentent l'état de l'accumulateur (quantité de matière active, densité de l'électrolyte, pression interne, porosité et tortuosité de l'électrode). Ces derniers sont généralement inaccessibles et non mesurables en fonctionnement.

L'évolution de ces paramètres est fonction de facteurs d'influence liés aux conditions d'utilisation et principalement la densité de courant et la température.

Ils sont également soumis à de lents phénomènes d'usure conduisant à la dégradation des performances de l'accumulateur. Ces altérations sont directement liées aux événements passés de la batterie.

2.3.5.1. La capacité

On appelle capacité d'un accumulateur ou d'une pile, la quantité maximale d'électricité que ce générateur peut fournir. Cette capacité est limitée par la consommation des électrodes (généralement la négative) ou de l'électrolyte. Pour un accumulateur, cette capacité est également limitée par les conditions de réversibilité des phénomènes électrochimiques. Cette quantité est de la forme :

$$Q = \int_{0}^{t} i.dt$$

(2.20)

t : Durée de passage du courant en seconde

i : intensité en Ampères (constant)

Q : exprimé en Coulombs ou Ampère-heure (1Ah = 3600 C)

La capacité est une grandeur non mesurable et difficilement représentable car sa définition oblige à fixer certains paramètres d'influence pour les tests. C'est pourquoi nous distinguerons 3 types de capacité.

- *La capacité nominale en n heures : C_n*

La capacité nominale Cn représente l'énergie que peut délivrer la batterie à partir de son état de pleine charge et dans un environnement de référence pour terminer à la tension d'arrêt. Cette mesure lors d'une décharge à courant constant à $I=C_n/n$ à la température nominale T_n pendant n heures. Les valeurs utilisées habituellement par les constructeurs sont n=20, 10, 5 ou 3 heures et 1,75V ou 1,8V pour la tension d'arrêt. Chaque constructeur utilise des conditions de tests différentes.

Exemple: C_{10}=20Ah signifie que la batterie est capable de fournir un courant de 2 A pendant 10h à la température ambiante nominale T_n.

Si les conditions de température ou d'intensité de décharge changent, la batterie ne restituera pas la même quantité d'énergie.

La capacité nominale est donnée par

$$C_n = \int_{t_0}^{ta} I.t.dt \qquad à \qquad T_a = T_n$$

(2.21)

ta : temps pour atteindre la tension d'arrêt (généralement 1.75V par élément)

I : intensité constante de décharge $I = C_n/n$

Ta: *Température ambiante*

Tn: *Température nominale*

- *La capacité stockée : Qs*

Elle représente l'énergie que pourrait débiter la batterie à l'instant t si elle devait le faire dans les conditions de références. Elle est de la forme :

$$Q_s(t) = \int n_1(t).i(t).t.dt$$

(2.22)

i : le courant de la batterie (i>0 pour la charge et i<0 pour la décharge)

La fonction *n1(t)* représente la fonction de transposition tenant compte des paramètres d'influence à l'instant *t* pour évaluer l'efficacité de la charge.

$$n_1(t) = f\big(i(t), Q_s(t), \theta(t)\big)$$

(2.23)

- *La capacité récupérable : Qr*

Elle représente l'énergie que pourra restituer l'accumulateur dans les conditions actuelles si elles restent constantes. Elle est la transposition de la capacité stockée *Qs* donnée pour un environnement de référence dans l'environnement actuel.

$$Q_r(t) = n_2(t).Q_s(t)$$

(2.24)

La fonction *n₂(t)* représente la fonction de transposition tenant compte des paramètres d'influence à l'instant *t* pour évaluer l'efficacité de la décharge.

$$n_2(t) = f\big(i(t), Q_s(t), \theta(t)\big)$$

(2.25)

2.3.5.2. Le rendement énergétique

Lors de la charge, l'énergie *Wc* est fournie à l'accumulateur et l'énergie utile restituée à la décharge *Wd* pendant un temps t est donnée par :

$$W_d = \int_0^t V.i.dt$$

(2.26)

V : différence de potentiel aux bornes de l'accumulateur.

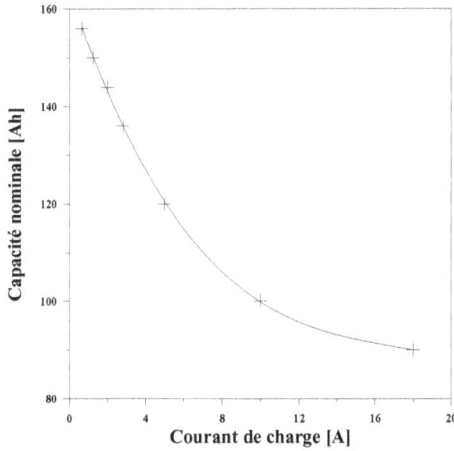

Figure 2.10 : Capacité nominale d'une batterie au plomb en fonction du régime
de charge à T = 25°C

Il est possible de définir le rendement énergétique W comme le rapport de W_d et W_c.

$$W = \frac{W_d}{W_c}$$

(2.27)

Ce rendement est typiquement de 70 à 80% dans les meilleures conditions pour un accumulateur au plomb.

2.3.5.3. Le rendement en courant

Il est possible de définir le même type de rendement sur les quantités de courant. On notera q le rapport entre la quantité d'électricité restituée lors de la décharge Q_d et celle fournie lors de la charge Q_c.

$$q = \frac{Q_d}{Q_c}$$

(2.28)

Cette grandeur peut atteindre 90% pour les bons accumulateurs lorsque l'on respecte les valeurs normales des intensités de charge et de décharge.

2.3.5.4. La tension aux bornes d'un accumulateur V

Les hypothèses simplificatrices que l'on peut apporter consistent principalement à négliger le non homogénéité de certains paramètres et réactions. Ce sont :

- Les densités de courant sont uniformes sur toute la surface des électrodes.
- Les effets de bord sont négligés.
- La stratification verticale de l'électrolyte est négligée.
- La température est considérée comme constante au sein de l'accumulateur.
- La nature poreuse des électrodes est considérée comme un empilement d'électrodes planes de compositions homogènes.
- Les phénomènes transitoires ne sont pas pris en compte.
- Les groupements d'éléments constituant une pile sont assimilés à un seul couple Anode-Cathode.
- Les surtensions de cristallisation sont négligées.

Ces hypothèses permettent d'écrire :

$$V = V_0 + \eta_d + \eta_t - r \cdot I$$

(2.29)

ηd : Surtension de diffusion

ηt : Surtension de transfert de charge

- ## • *La tension d'équilibre V_0*

La détermination précise de la FEM par application de la formule de Nernst nécessite la connaissance des activités d'oxydations et de réductions aux centrations des solutions à la température et pression utilisée. Elle peut être mesurée aux bornes de l'accumulateur en circuit ouvert après élimination des phénomènes de polarisation (après plusieurs heures).

- ## • *La surtension de diffusion η_d*

Lors des réactions électrochimiques, il se produit l'apparition et la disparition d'éléments créant des différences de concentrations (plus particulièrement des ions).

L'étude des mouvements de ces espèces conduit la plupart du temps à des systèmes d'équations différentielles dont on ne connaît pas de solutions analytiques générales. Ces systèmes d'équations sont directement fonction du nombre de transformation (oxydation et réduction), de la structure des composants, de la porosité des électrodes, du régime de fonctionnement de l'accumulateur et de la répartition de la matière active encore disponible.

La surtension de concentration due au phénomène de diffusion s'écrit :

$$\eta_d = \frac{RT}{nF} . Ln \frac{C(e)}{C_0}$$

(2.30)

e : épaisseur de l'électrode

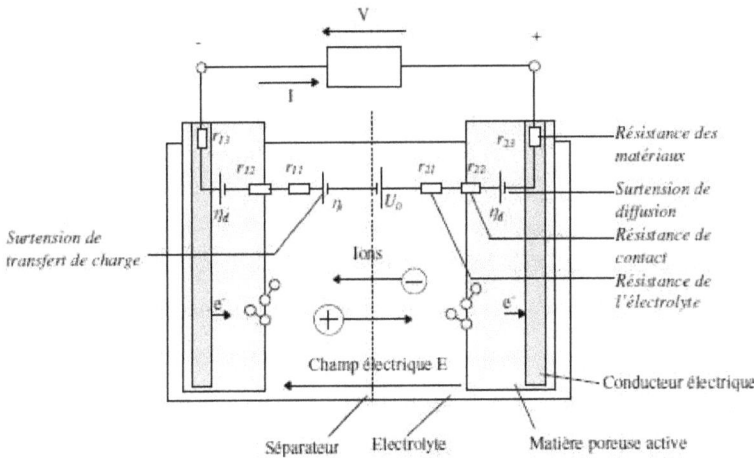

Figure 2.11 : Les chutes de tension au sein d'une pile

Dans une cellule comme un accumulateur, l'électrolyte est stagnant et seulement soumis à un très faible champ électrique. De ce fait, la diffusion est le phénomène de transport sont prépondérant.

- **La surtension de transfert de charge η_t**

81

On applique l'équation de Butler-Volmer avec pour convention $I > 0$ en décharge lorsque $\eta t < 0$.

$$I = I_0 \left[\exp\left(\frac{\alpha n F}{RT} \eta_t \right) - \exp\left(\frac{-(1-\alpha)nF}{RT} \eta_t \right) \right]$$

(2.31)

Pour chaque électrode, les valeurs de η_t sont petites. Si l'on développe au premier ordre, nous obtenons :

$$\eta_t = \frac{-RT}{nF} \times \frac{I}{I_0}$$

(2.32)

- **La résistance ohmique r**

Ce terme prend en compte la chute de tension engendrée par la conduction électronique dans la phase solide, aux surfaces de contact et par conduction ionique dans l'électrolyte.

D'une manière générale, la conductivité des éléments solides utilisés est très forte devant celle de l'électrolyte.

2.3.6. Les comportements de la batterie au plomb

Pour pouvoir étudier les caractéristiques de la batterie, il est nécessaire d'identifier les états qui représentent les modes d'utilisation de la batterie, à savoir :

- *La charge* : l'accumulateur est connecté à une source d'énergie. La batterie agit comme un récepteur et stocke une partie de l'énergie quelle consomme.
- *La décharge* : l'accumulateur est connecté à un circuit consommateur. La batterie agit comme une source d'énergie.
- *Le stockage* : l'accumulateur n'est connecté à aucune source ni récepteur. Il n'y a pas d'échange avec l'extérieur.
- *Le floating* : l'accumulateur est connecté en tampon sur la sortie d'une alimentation. Elle est en permanence soumise à une même tension si elle est

chargée et ne stocke plus d'énergie. Elle peut être considérée comme une forme particulière de stockage.

2.3.6.1. Comportement lors de la charge

Pour être effectuée dans de bonnes conditions, elle doit se faire aux conditions nominales précisées par le constructeur pour la limitation du courant (généralement $C_n/10$) de charge et la tension en fin de charge. La température doit être égale ou légèrement supérieure à la température nominale. La force électromotrice de l'accumulateur n'est pas accessible directement, mais elle peut être déduite de la tension de charge, du courant de charge et de la résistance interne. Elle croît du fait de l'augmentation du niveau de charge pour finir et atteindre la valeur de la tension de charge en fin de charge.

Au début de la charge, il faut limiter le courant, donc le nombre de réaction chimique au sein de l'accumulateur. Un trop fort courant à tendance à échauffer rapidement l'accumulateur du fait de l'augmentation de la résistance interne (principalement due aux surtensions électrochimiques), par l'énergie dégagée par les réactions chimiques. De plus les phénomènes d'altérations de l'accumulateur sont aggravés et il y a une mauvaise transformation de la matière active de l'électrode (voir figure.2.12).

Remarque : la surtension d'égalisation doit s'effectuer en fin de charge et permet de lutter contre la stratification de l'électrolyte.

2.3.6.2. Comportement lors de la décharge

La décharge doit s'effectuer en respectant certaines règles :

- Le courant de décharge ne doit pas atteindre des valeurs conduisant à une très mauvaise consommation des électrodes, un emballement thermique (limiter les décharges en pic de courant).
- La capacité résiduelle ne doit pas descendre en dessous de 20% de la capacité nominale C_n.
- La décharge optimum est obtenue avec des faibles densités de courant qui consomment régulièrement les électrodes.

La batterie décharge son énergie dans le circuit. La tension à ses bornes est égale à sa force électromotrice diminuée de la chute de tension dans sa résistance interne. Après la chute de tension initiale, les phénomènes de polarisation et l'influence de la résistance interne sont quasi constants.

La tension diminue principalement avec la valeur de la FEM. Vers 60%, la matière active devient moins accessible et plus rare (surtout en fort régime de décharge), la chute de tension est accentuée par l'augmentation de la résistance interne. La valeur de cette chute de tension a une forte influence sur la restitution de l'énergie (voir figure 2.13).

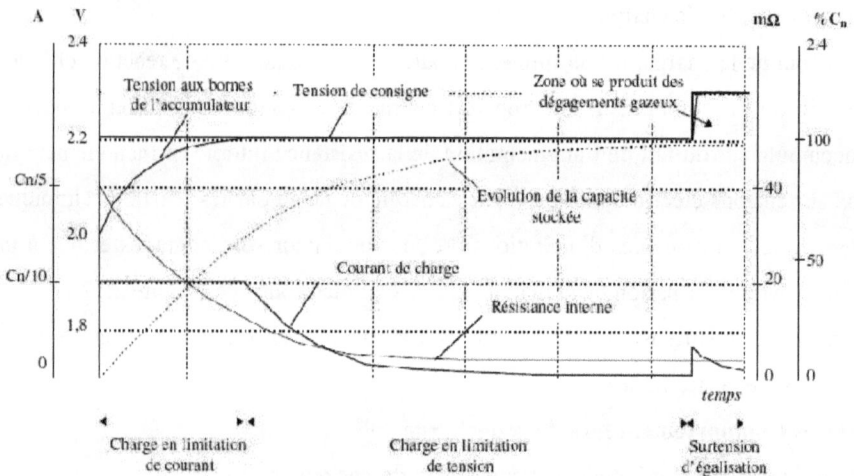

Figure 2.12 : Evolution des paramètres de la batterie durant la charge

2.3.6.3. La tension d'arrêt

Elle est fournie par le constructeur en fonction du taux de charge. Elle sert d'indicateur à l'utilisateur pour éviter les décharges complètes de l'accumulateur.

2.3.6.4. La caractéristique de cyclage

Le phénomène de cyclage est le résultat de l'altération de la batterie due aux effets d'un vieillissement dans des conditions nominales. Elle prend en compte les phénomènes de détérioration naturels qui sont la détérioration des plaques et séparateur, la déshydratation des éléments. Elle donne une caractéristique montrant l'évolution de la capacité de stockage de l'accumulateur en fonction du nombre et de la profondeur des cycles de charge-décharge. Son évaluation est réalisée en suivant les tests de la norme BS6290. L'importance du nombre de cycle est d'autant plus importante que leur amplitude est importante. Ce qui a pour effet de nettement diminuer la durée de vie de la batterie lors de son utilisation en décharges profondes. Cette caractéristique est habituellement fournie par les constructeurs sous forme d'un tableau donnant la durée de vie (en cycles) en fonction des profondeurs de décharge.

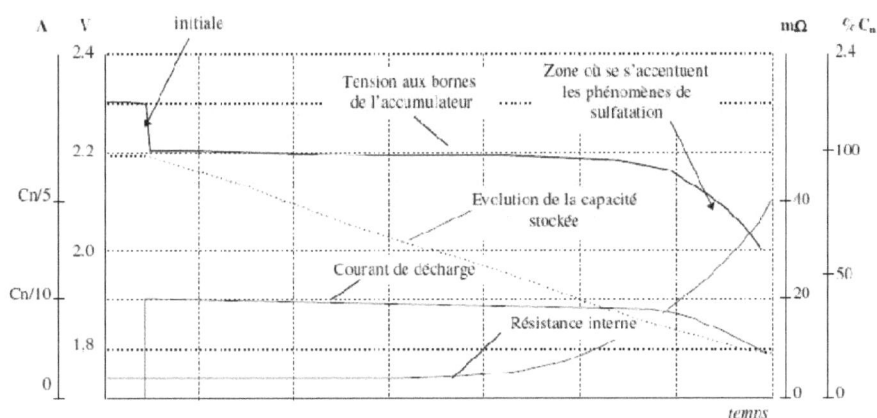

Figure 2.13 : Evolution des paramètres de la batterie durant la décharge

2.3.6.5. Le couplage d'élément

Dans une batterie, plusieurs éléments sont placés en série pour obtenir la tension voulue. Malgré les précautions des constructeurs, il se pose le problème de la dispersion des caractéristiques des différents éléments.

Si les éléments ne sont pas homogènes, la répartition de la tension idéale de la batterie ne se répartira pas de façon égale, il en sera de même pour l'énergie. Des éléments peuvent se trouver soumis à des conditions qui vont conduire à leur

85

vieillissement précoce qui augmente généralement le déséquilibre (emballement) et conduit à la défaillance de celui-ci.

Les phénomènes les plus observables sont le retournement de la tension d'un élément qui se polarise en sens inverse des autres ou une très forte impédance de l'accumulateur qui peut aller jusqu'à la coupure de la conduction électrique. Un symptôme de ces dysfonctionnements et une tension en circuit ouvert faible et un échauffement anormal de la batterie.

2.4. La batterie dans un système photovoltaïque

2.4.1. Conditions de fonctionnement des batteries dans les systèmes photovoltaïques

Une étude des conditions de fonctionnement des batteries dans les systèmes photovoltaïques a été faite par Sauer et al [63]. Au cours de cette étude l'accent est mis sur les différentes exigences d'une batterie dans un système photovoltaïque :

- une bonne efficacité énergétique,
- une faible autodécharge,
- un faible coût,
- une faible maintenance,
- une bonne durée de vie.

Sauer montre que les conditions photovoltaïques sont pénalisantes pour l'accumulateur. Une comparaison de différentes technologies de batteries qui peuvent être utilisées dans les systèmes photovoltaïques a été aussi réalisée. Ces systèmes peuvent être classés en plusieurs catégories [64, 65]. La compréhension de ces conditions et des dégradations engendrées est nécessaire pour pouvoir élaborer des stratégies de charge et décharge.

2.4.1.1. Conditions environnementales

Ces conditions consistent essentiellement en la température ambiante et l'humidité [64]. Des températures très faibles peuvent engendrer une solidification de l'électrolyte qui pourrait casser le bac et endommager la batterie. Des températures élevées accélèrent les phénomènes d'autodécharge et augmentent également la part des réactions parasites en fin de charge. Ceci peut engendrer une diminution de la durée de vie d'un facteur 2 pour une augmentation de la température de 7 à 10°C pour des températures supérieures à 40°C. En ce qui concerne l'humidité, elle augmente la corrosion des collecteurs de courant, ce qui augmente la résistance interne de la batterie et entraîne une recharge non optimale par un système photovoltaïque. Pour limiter l'influence des conditions environnementales, il est nécessaire d'installer la batterie dans un local adapté permettant d'éviter les températures extrêmes et l'humidité tout en permettant la dissipation de la chaleur.

2.4.1.2. Stockage et maintenance

Un stockage de longue durée de la batterie avant son utilisation peut causer une forte autodécharge, en partie irréversible notamment à cause de la sulfatation dure.

Au cours du transport, la batterie peut subir des chocs mécaniques qui engendrent une casse du bac ou une fuite de l'électrolyte, ce qui entraîne en particulier la corrosion des connections extérieures.

La maintenance concerne essentiellement les batteries ouvertes. Un manque de maintenance peut engendrer une diminution de la durée de vie de la batterie. Il s'agit essentiellement de la vérification du niveau de l'électrolyte et de son ajustement si nécessaire. En effet, une inhomogénéité entre les cellules peut engendrer un comportement hétérogène qui influencerait la durée de vie de la batterie totale. Aussi, un niveau d'électrolyte trop bas peut conduire à un dénoyage des électrodes ce qui entraîne une formation de monoxyde de plomb en haut des électrodes négatives. De plus, quel que soit le type de la batterie, il faut vérifier régulièrement le serrage et la propreté des connections.

2.4.1.3. Contraintes opératoires

Un système photovoltaïque fournit un courant variable à la batterie ce qui peut engendrer des conditions extrêmes pour l'état de charge de la batterie. On a ainsi affaire à :

- Des décharges profondes et prolongées : la charge complète n'est possible qu'en cas de bonnes périodes d'ensoleillement. Ce faible état de charge peut aussi être accentué par une forte utilisation de la batterie à cause d'un trop grand nombre d'équipements et d'un profil de gestion de la décharge mal adapté.

- Des surcharges occasionnelles : une surcharge peut avoir lieu dans les périodes de bon ensoleillement ou pendant l'absence de l'utilisateur au cours de laquelle l'utilisation de l'énergie issue des panneaux diminue. Cette surcharge conduit au dégagement gazeux qui peut entraîner certaines dégradations si elle continue pendant de longues périodes.

Généralement la charge de la batterie dans les systèmes photovoltaïques est contrôlée par des régulateurs aussi appelés BMS (Battery Management System). Ces systèmes de contrôle permettent de protéger la batterie d'une forte surcharge ou d'une décharge très profonde et d'estimer son état de charge.

Dans les systèmes photovoltaïques, les batteries subissent des cycles charge-décharge de fréquences différentes :

- Cycles de l'ordre de quelques secondes, quelques minutes ou quelques heures selon le profil de la source et celui de l'utilisation.

- Cycles journaliers dont l'amplitude dépend de l'énergie fournie par les panneaux et demandée par l'utilisateur et correspond au dimensionnement de la batterie.

- Cycles saisonniers dont l'amplitude dépend de la variation de l'ensoleillement moyen au cours de l'année.

La batterie est dimensionnée en tenant compte de la tension du système et de la consommation maximale de la charge, de l'autonomie nécessaire de la batterie (nombre de jours sans ensoleillement), de la profondeur de décharge (depth of discharge, DOD) maximale autorisée. Ce dimensionnement peut ne pas être totalement fiable. Deux cas se présentent :

- La consommation estimée au départ est inférieure à la consommation réelle de l'utilisateur, on a régulièrement un faible état de charge et un cyclage profond.
- Les panneaux photovoltaïques sont sous-dimensionnés par rapport à la batterie. Dans ce cas la recharge d'une batterie complètement déchargée est très difficile. Dans les deux cas, on a une dégradation prématurée de la batterie.

2.4.2. Vieillissement des batteries au plomb

Plusieurs processus de dégradations peuvent conduire au vieillissement de la batterie. Certains sont réversibles mais nécessitent le recours à un mode de charge adapté pour réhabiliter l'accumulateur. D'autres conduisent à la fin de vie de l'accumulateur.

La durée de vie des accumulateurs est directement liée à leurs conditions d'utilisation [66-68]. Pour une utilisation en stockage tampon (le générateur et l'utilisation restent branchés en permanence sur la batterie), la durée de vie dépend essentiellement du nombre des cycles charge/décharge. En limitant la profondeur de décharge journalière (< 15 % C_n), et la profondeur de décharge saisonnière (< 60 % C_n), on estime la durée de vie des accumulateurs au plomb à 6 ou 7 ans. Pendant sa durée de vie normale, plusieurs causes réduisent graduellement la capacité de la batterie d'accumulateurs [69] :

2.4.2.1. Stratification de l'acide

Dans le cas de batteries à électrolyte liquide (et parfois à électrolyte adsorbé), l'acide est souvent plus dense en bas de la batterie qu'en haut. Ceci est dû aux forces de gravité et aussi à une recharge insuffisante n'assurant pas le dégagement gazeux qui permet l'homogénéisation de l'électrolyte. La stratification n'est pas en elle-même une dégradation mais elle influe sur le comportement de la batterie en cyclage et provoque d'autres processus de vieillissement. En effet, elle conduit à une inhomogénéité de la décharge des électrodes qui sont plus déchargées en bas. Elle diminue aussi la capacité disponible et change les caractéristiques tensions courant [62, 70]. La stratification est plus importante dans le cas de grosses batteries. La figure 2.14 est une représentation schématique de ce phénomène. On peut constater qu'en fin de charge ou en fin de décharge, l'électrolyte est stratifié. Toutefois, si l'accumulateur au plomb est surchargé de manière plus importante, le dégagement gazeux peut entraîner une meilleure homogénéisation de l'électrolyte qui annule les effets de la stratification.

2.4.2.2. Sulfatation dure

Cette dégradation a fait l'objet de nombreux travaux. Il s'agit de la croissance des cristaux de sulfate de plomb dans des conditions de faible état de charge.

Les gros cristaux sont moins facilement transformables lors de la charge. Au cours d'une recharge, les petits cristaux réagissent en priorité. L'accumulation de sulfate de plomb sous forme de gros cristaux réduit la quantité de matière active disponible et donc la capacité disponible.

La figure 2.15 représente une image MEB d'une électrode sulfatée avec des gros cristaux [71].

2.4.2.3. Corrosion

La corrosion affecte essentiellement l'électrode positive à cause d'un potentiel élevé et attaque la grille collectrice de courant. Ce phénomène conduit à une augmentation de la résistance interne par la formation d'une couche passive sous forme d'oxydes de plomb mixtes PbO_2-x (x<1) moins bon conducteurs que PbO_2.

La corrosion dépend du potentiel de l'électrode, de la température, de la composition de la grille et de sa qualité lors de sa fabrication. La corrosion peut causer aussi la croissance de la taille des grilles. Cette croissance peut entraîner une dégradation importante de la batterie complète, par exemple un soulèvement du couvercle ou de la borne positive.

La figure 2.16 montre l'importance des effets de cette dégradation.

Afin de réduire l'effet de la corrosion et d'augmenter la durée de vie de la batterie dans les systèmes photovoltaïques, des plaques plus épaisses sont souvent utilisées. Une étude de la structure de la couche de corrosion, de l'influence de son interaction avec la matière active positive sur la perte de capacité de la batterie est présentée dans les références suivantes [72-74].

2.4.2.4. Dégagement gazeux et dessèchement des électrodes

Les réactions parasites en surcharge conduisent à des dégagements gazeux et à une consommation d'eau de l'électrolyte. Ceci engendre la nécessité de maintenance de la batterie par ajustement du niveau de l'électrolyte en ajoutant de l'eau. Si cette étape n'est pas correctement réalisée, il y a un dénoyage puis dessèchement du haut des électrodes qui conduit à une oxydation des électrodes négatives par l'air (formation de PbO), et donc à un travail non homogène des électrodes.

2.4.2.5. Décohésion de la matière active

Elle est liée au cyclage et vient de la transformation de la matière active en sulfate de plomb qui est 1,94 fois plus volumineux que le dioxyde de plomb et 2,5 fois plus que le plomb.

Ces changements de volume répétés conduisent à une perte de connexion entre la matière active et le reste de l'électrode. Ce phénomène augmente avec la profondeur de décharge.

2.4.2.6. Les courts-circuits

Ces courts-circuits peuvent être engendrés par :

• Une croissance des dendrites de la matière active négative vers l'électrode positive à travers les séparateurs. Leur croissance augmente avec des longues périodes à faible état de charge.

• La corrosion des collecteurs de courant qui conduit au détachement de la matière qui peut tomber entre les électrodes.

• La matière active tombée au fond du bac à cause de la décohésion.

• La corrosion des grilles qui croissent de taille, ce qui augmente la pression et fait percer le séparateur. On a aussi un risque de court-circuit au dessus du séparateur.

Les courts-circuits et la corrosion sont les seuls phénomènes qui peuvent causer une panne soudaine de la batterie.

2.4.3. Cas particulier des systèmes photovoltaïques

Pour les applications stationnaires de secours les batteries sont maintenues chargées en permanence. Dans ces conditions d'utilisation, la fin de vie normale est liée à la corrosion des électrodes positives.

L'utilisation des batteries dans les systèmes photovoltaïques leur impose des conditions de fonctionnement particulières caractérisées principalement par un état de charge moyen relativement faible ce qui entraîne plusieurs types de dégradations [75, 76]. Ces dégradations sont essentiellement la stratification de l'électrolyte, liée à l'immobilisation et aux cyclages journaliers, et la sulfatation dure à cause surtout de la sous-charge. La corrosion est surtout une cause de fin de vie pour les systèmes installés en climat chaud. Le dessèchement des électrodes et les courts-circuits sont accidentels et liés surtout à un manque d'entretien de la batterie. Une bonne gestion électrique de ces batteries pourrait conduire à une augmentation de leur durée de vie.

Cela engendre une perte de capacité de la batterie et peut engendrer des courts circuits. La figure 2.17 est une illustration de l'importance de la dégradation engendrée par ce phénomène [57, 77].

2.5. Conclusion

Les travaux de recherches, visent à mettre au point des batteries pour le stockage d'électricité photovoltaïque solaire ayant les caractéristiques suivantes : durée de vie 10 à 15 ans, rendement énergétique 80 %, taux d'autodécharge 2 à 3 % par mois, période sans entretien 12 à 15 mois, et prix de revient minimum.

La presque totalité des systèmes d'accumulation de l'énergie solaire photovoltaïque sont composés d'éléments de batterie au plomb. Ces batteries devraient résister aux charges et décharges irrégulières, les périodes prolongées à bas état de charge, les décharges profondes et les grandes variations de température. Aussi elles devraient avoir un haut rendement d'énergie, une fiabilité et un minimum d'entretien, principalement dans les systèmes installés dans des sites isolés où l'accès est difficile.

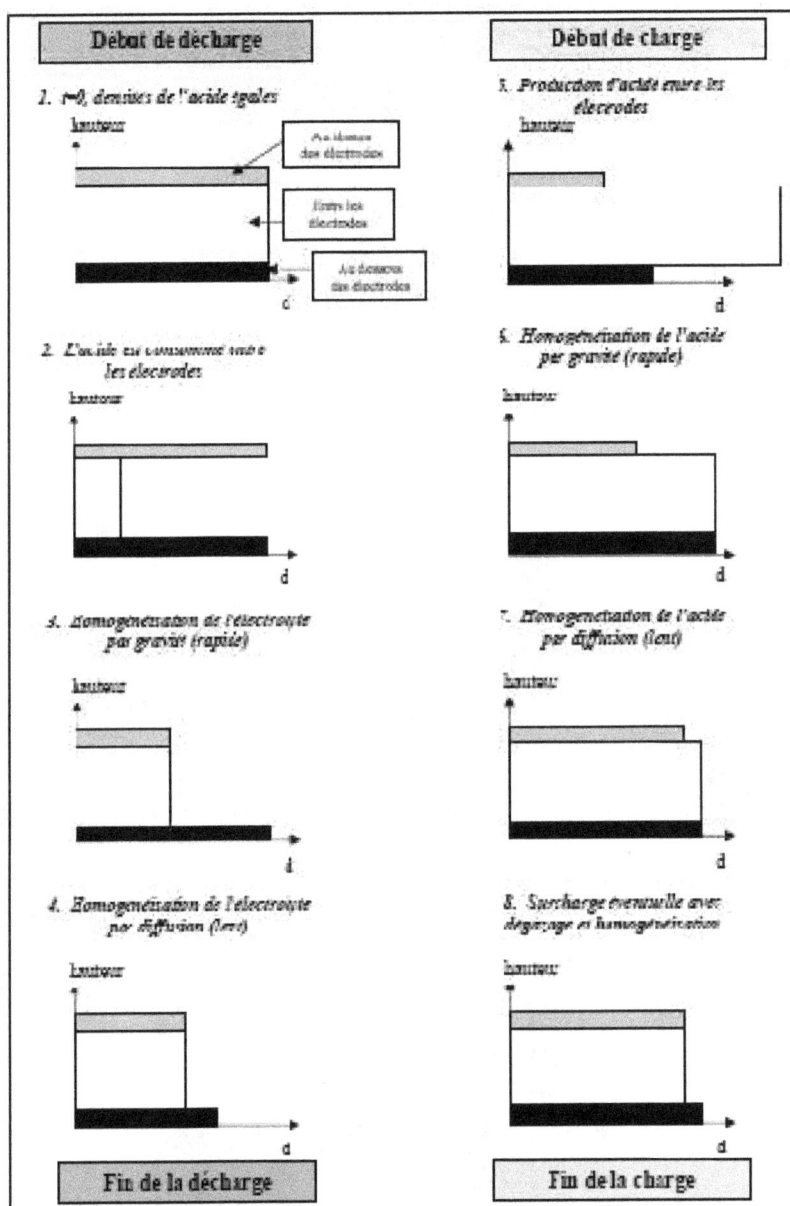

Figure 2.14 : Représentation schématique de la stratification de l'acide selon l'état de charge

93

PbSO₄

Figure 2.15 : Micrographie d'une électrode positive insuffisamment chargée

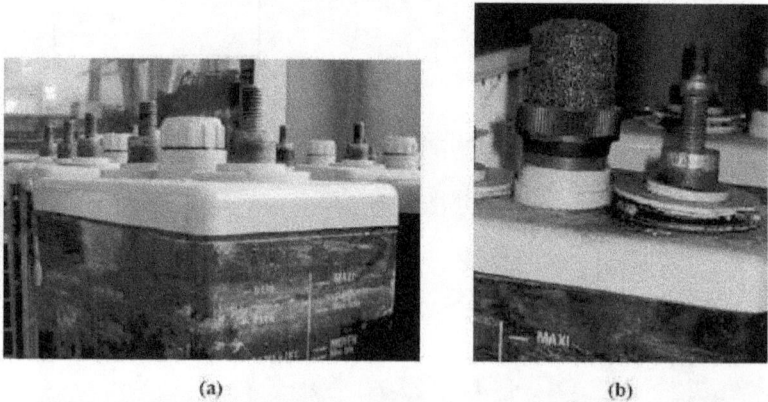

(a)

(b)

Figure 2.16 : Manifestations externes du phénomène de corrosion : (a) soulèvement du couvercle (b) poussée de la borne positive

Figure 2.17 : Electrodes négative (à gauche) et positive (à droite) issues d'une batterie ayant cyclé à 80 % de profondeur de décharge

CHAPITRE 3

Modélisation de la batterie au plomb dans un système photovoltaïque

3.1. Introduction

Dans l'étude de la modélisation des éléments des systèmes photovoltaïques, la batterie d'accumulateurs pose encore certains problèmes liés à la connaissance approfondie des divers processus intervenants. En effet, l'état du comportement de la batterie est connu et assez bien décrit par des modèles mentionnés dans la littérature, tandis que l'état du comportement dynamique de cet élément de stockage reste toutefois moins précis dans ces modèles. La modélisation de la batterie peut être réalisée en utilisant plusieurs procédés, comme l'analogie électrique ou l'analogie analytique, l'approximation polynomiale ou tabulaire. Ces deux dernières sont les moins utilisées, puisqu'elles consistent en l'établissement de plusieurs tables de données pour chacun des types de batterie et pour chacune des caractéristiques de ces éléments, ce qui équivaudrait à effectuer un travail très fastidieux.

La disponibilité de la formulation mathématique du comportement de la batterie et la mise à profits de nombreuses données expérimentales va permettre la connaissance de leur comportement dynamique sur toute leur durée de vie et cela dans les conditions réelles de fonctionnement.

La plupart des modèles cités dans la littérature font référence à la simulation du comportement de la batterie. En effet, une synthèse bibliographique de ces modèles est présentée ci-après. Le choix des modèles d'étude porte surtout sur les modèles qui décrivent le comportement externe de la batterie (tension et courant). Ces modèles sont les suivants : modèle de Shepherd [78, 79], faisant référence à des grandeurs paramétriques. Il faudrait noter que des modèles généraux, comme Macomber [80], Copetti [81-85], effectuent les mêmes opérations mais en gardant les paramètres constants pour tout type de batterie. Un autre modèle de Guasch [86-88] sera aussi étudié, ce modèle traite les batteries travaillant dans des systèmes photovoltaïques, c'est un modèle paramétrique.

Chacun des modèles fera l'objet d'une étude détaillée.

3.2. Etat de l'art sur la modélisation des accumulateurs au plomb acide

La modélisation consiste à traduire les phénomènes qui se produisent dans des systèmes physiques par une représentation souvent mathématique. La modélisation des sources électrochimiques est intéressante pour plusieurs raisons. En effet, un modèle complet de la batterie permet de prédire son comportement dans certaines conditions de fonctionnement, d'adapter le type de batterie à l'application pour une utilisation optimale de l'énergie, de comprendre les dégradations dues à des conditions particulières de fonctionnement, d'interpréter l'influence de certains paramètres ou profils de charge ou décharge sur les performances de la batterie. D'une manière générale la modélisation permet de réduire l'effort expérimental et de gagner en temps, en énergie et en investissement.

La partie expérimentale a permis de voir l'intérêt de la recharge à différents courants, la modélisation permettrait de mieux comprendre les phénomènes limitant le fonctionnement de la batterie. Pour modéliser une batterie, selon les phénomènes à étudier, des modèles de fonctionnement ou des modèles de compréhension peuvent être privilégiées. Nous détaillons dans ce paragraphe les modèles existants dans la littérature.

3.2.1 Modèles de fonctionnement

Cette approche consiste à partir de données macroscopiques (tension et courant) à obtenir des paramètres tels que l'état de santé (SOH pour State Of Health) ou l'état de charge global (SOC pour State Of Charge) de l'accumulateur. Par ailleurs, elle doit

96

permettre également de prédire le comportement électrique global de l'accumulateur soumis à des régimes de charge et de décharge variables.

Quatre types de méthodes peuvent alors être appliqués :

• une modélisation empirique,

• une modélisation de l'accumulateur par des circuits électriques composés de résistances, de condensateurs et d'inductances,

• une approche complexe fondée sur l'utilisation de réseaux de neurones,

• une approche reposant sur le concept de logique floue (fuzzy logic).

Ces approches sont détaillées dans les paragraphes suivants.

3.2.1.1 Modélisation empirique

Ce type de modèle est basé directement sur des données expérimentales. Il traduit une loi de comportement venant directement de l'analyse des courbes de décharge. L'approche la plus simple utilisée est la loi de Peukert (1897) [89]. Cette approche est beaucoup utilisée pour prédire l'état de charge des batteries. Une revue critique de cette loi est parue récemment [90] montrant son insuffisance en cas de décharge non continue dans le temps.

D'autres modèles exploitent totalement les courbes de décharge permettant d'avoir accès par itération aux paramètres de la batterie tels que la surface active, la concentration d'acide, le courant d'échange, la surtension, la résistance interne.

Shepherd en 1965 [78, 79] a également élaboré une équation de décharge permettant de décrire ce phénomène pour plusieurs types de batteries et donnant la tension de la cellule en fonction du temps de décharge, de la densité de courant et d'autres paramètres de la batterie. Les paramètres de l'équation sont ajustés avec des courbes de décharge, puis l'équation est utilisée pour le calcule par exemple la capacité restituée en fonction du régime.

Ces premiers modèles empiriques permettent de décrire uniquement la décharge dans certaines conditions, ne dissocient pas les phénomènes limitant et nécessitent beaucoup de données expérimentales pour les ajuster.

Des algorithmes plus récents ont essayé d'intégrer une estimation des paramètres en temps réel permettant une mesure plus précise de l'état de charge ajusté directement à la batterie utilisée. Ce genre de méthodes est utilisé par exemple par Tseng et Lin [91] pour l'estimation de l'état de charge des batteries dans les scooters électriques.

Des modèles semi-empiriques ont été également utilisés récemment pour décrire la surcharge, par exemple Catherino et al. [92] ont utilisé une équation qui ressemble à la formule de Tafel avec des paramètres ajustables pour calculer le courant de surcharge.

Des modifications du modèle de Shepherd sont proposées par plusieurs auteurs [93], les précisions sont améliorées par Facinelli [94] en utilisant un programme de simulation des systèmes photovoltaïques, introduisant l'influence de la température ainsi qu'une fonction représentative du rendement de charge.

Les autres modèles sont basés sur la combinaison des éléments, produits et réactifs en introduisant une constante de temps pour simuler le délai du au processus de diffusion qui associe le phénomène transitoire. Ce type de modèle est assez compliqué à cause des termes différentiels en rapport avec les éléments réactifs. Weiss et al. [95, 96], proposent une relation reliant la tension de circuit-ouvert d'une batterie à la tension de la batterie en fonctionnement en combinant une méthode de calcul des ampères heures pour une période de temps très petite, la méthode utilise la mesure électrique échantillonnée de la tension et du courant. Les relations de la capacité en fonction de la densité de l'électrolyte et de la tension en circuit-ouvert respectivement sont des droites.

3.2.1.2 Modélisation à l'aide de circuits électriques équivalents

- **Modèles électriques**

Comme continuation aux travaux de Menga et al. [97] un modèle a été développé en 1987, Buonarota [98] réalise un modèle simplifié du fonctionnement de l'accumulateur au plomb. Ce modèle est fondé sur un circuit électrique équivalent composé d'une force électromotrice fonction de la quantité d'ampères heure déchargée, et d'une résistance globale variant avec la profondeur de décharge. Cette résistance globale prend en compte la résistance de l'électrolyte et la résistance de polarisation due à l'application du courant. Ce modèle rend compte du comportement de l'accumulateur pendant une charge ou une décharge à courant constant mais n'est pas adapté dans le cas de régimes transitoires. Des exemples d'application à l'évaluation des performances de ce modèle dans un système PV ont été donnés avec la comparaison des résultats calculés et ceux de l'expérience.

Rynkiewicz [99] a décrit un modèle pour la charge et la décharge des batteries plomb acide. La capacité effective pendant la décharge est une fonction exponentielle avec le régime de décharge. Salamah [100, 101] et Ball [102] présentent un modèle qui prend en considération l'autodécharge, la capacité de stockage, la résistance interne, la surcharge ainsi que la température ambiante. Des composants non linéaires sont utilisés pour représenter le comportement des différents paramètres de la batterie, ainsi la simplification du modèle de simulation. Les paramètres du modèle sont trouvés en utilisant les spécifications des constructeurs ainsi que les tests expérimentaux.

La nature empirique de beaucoup de modèles conduit à l'interprétation physique incohérente des différents termes des équations. Dans ce sens Biscaglia et Mayer [103] ont développé un modèle pour la décharge, avec la détermination de l'état de charge des batteries en considérant les processus électrochimiques à travers les surtensions de transfert de la charge et la diffusion de la résistance ohmique de l'électrolyte ainsi que les électrodes, le facteur température à été considéré par les équations de ce modèle.

A l'exception du modèle de Macomber [80], et du modèle de Copetti [81-85] les paramètres restaient déterminés pour chaque processus de charge et de décharge, pour chaque type de batterie utilisée dans les systèmes photovoltaïques et pour chaque capacité.

Suite aux travaux menés par Copetti, Fabéro [104, 105] détermine les paramètres relatifs à la capacité, à la résistance pour la charge et la décharge de différents types de batteries au plomb. D'autres travaux ont modélisé le fonctionnement de l'accumulateur au plomb à l'aide de circuits électriques plus précis. Ainsi, Sauer [63] modélise une électrode comme l'association de 3 circuits électriques. Ceux-ci sont différents selon la hauteur de l'électrode considérée (haut, milieu et bas). Chaque hauteur est alors représentée par un circuit de type RC pour rendre compte du phénomène de stratification de l'électrolyte observé surtout dans l'application photovoltaïque. Ce modèle prévoit une évolution du SOC en fonction de la hauteur de l'électrode pour des régimes de courant variables. Il est ainsi démontré que pour des régimes supérieurs à C/10, le SOC moyen est à peu près identique quelle que soit la hauteur d'électrode. En revanche, pour des courants inférieurs à C/10, l'état de charge moyen diffère selon la hauteur. Ce phénomène s'amplifie lorsque le courant faiblit : le bas de l'électrode est moins bien rechargé. Ces constatations sont particulièrement intéressantes dans le cadre d'une application photovoltaïque pour laquelle les régimes de courant sont compris entre C/10 et C/100. Ce modèle prend en compte l'hydrolyse qui a lieu en fin de recharge mais ne tient pas compte de la compétition locale de cette réaction avec la recharge de la matière active.

Récemment Kràl et al. [106] ont utilisé les circuits équivalents afin d'étudier la distribution du courant à la surface de l'électrode au cours de la décharge. Ils ont tenu compte dans leur modèle de la variation de la résistance interne en fonction du courant de décharge et de la quantité d'ampères-heures déchargée.

D'autres méthodes telles que les bonds graphs [57] utilisent les analogies électriques afin de décrire le comportement électrochimique et thermique des batteries. Esperilla et al [107] supposent avoir obtenu un modèle complet de la batterie au plomb incluant les phénomènes thermiques. Néanmoins, les courbes de décharge reportées ont une allure assez éloignée des courbes expérimentales. La confrontation avec l'expérience a été réalisée uniquement sur quatre points de capacité et quatre points de tension en utilisant des résultats d'une étude réalisée par Barsaly et al. [108] et seuls trois points coïncident. Ce n'est donc pas réellement une confrontation avec l'expérience. De plus, la description des phénomènes électrochimiques mis en jeu n'est pas toujours claire.

- **Circuits équivalents exploitant les diagrammes d'impédance**

La réponse de l'accumulateur plomb-acide à une sollicitation en courant ou en tension peut être modélisée par l'association de composants électriques en série ou en parallèle grâce à la spectroscopie d'impédance. L'objectif est là aussi de déduire des paramètres macroscopiques (état de charge ou état de santé) mais également d'obtenir des renseignements réactionnels notamment lors de la recharge. Plusieurs chercheurs se sont intéressés à ce type de modélisation. Ainsi, Vinod [109] propose de déduire l'état de charge de l'accumulateur à partir des variations des paramètres caractéristiques du diagramme d'impédance (résistance d'électrolyte, capacité de double couche électrochimique et résistance de transfert de charge). De même, Andersson [110] propose une modélisation de la porosité de la matière active permettant de déduire l'état de santé (SOH) à partir des diagrammes d'impédance d'accumulateurs bipolaires.

Une revue de la littérature a été réalisée par Huet [111] pour étudier la faisabilité d'une estimation de l'état de charge et de l'état de santé à partir des diagrammes d'impédance. Les travaux ont permis d'étudier la possibilité de relier les paramètres du circuit équivalent à l'état de charge, aux cinétiques aux électrodes, à la variation de la porosité, à la sulfatation. Une étude expérimentale sur la batterie au plomb dans [112] a permis à Huet d'observer une relation non linéaire entre la résistance haute fréquence et la variation de l'état de charge. Nelatury et Singh [113] proposent une méthode pour extraire les paramètres exacts du circuit équivalent en effectuant des mesures à trois fréquences bien déterminées. Néanmoins, les paramètres du circuit équivalent ne nous donnent pas de renseignements significatifs sur l'état de la matière active.

Mauraher et Karden [114] ont utilisé la spectroscopie d'impédance afin d'identifier les paramètres du comportement dynamique de la batterie, la capacité de double couche, la résistance de transfert de charge et les paramètres de transport à l'aide de l'impédance de Warbug. La spectroscopie d'impédance permet également de mesurer l'impact du changement de nature de l'électrolyte sur le plan réactionnel. Ainsi, Vinod [109] montre que dans le cas d'un électrolyte gélifié, les réactions sont contrôlées par le transport de matière. Il constate de plus que la résistance de l'électrolyte est multipliée par sept, l'ajout de silice rendant l'électrolyte moins conducteur. Cependant, lorsque l'électrolyte est liquide, les réactions sont contrôlées par le transfert de charge. Ces changements se traduisent par des structures de circuit électriques différentes, notamment lorsque l'accumulateur est complètement chargé. Enfin, la spectroscopie d'impédance à très basses fréquences fournit des données intéressantes sur le phénomène d'hydrolyse qui a lieu en fin de recharge ou lorsque l'accumulateur est laissé en floating. Elle permet d'observer le phénomène de relaxation de l'oxygène produit à l'électrode positive [115].

Ces modèles diffèrent de ceux présentés au paragraphe précédent par la nature des éléments électriques mis en jeu. Les premiers utilisent uniquement des résistances, des forces électromotrices et des capacités. Dans le cas de l'exploitation des diagrammes d'impédance, ce sont les données expérimentales qui permettent de construire les modèles alors que dans le cas de modèles électriques, ces données sont utilisées à posteriori pour ajuster le modèle. Les deux types de modèles permettent de prédire le comportement des batteries sous certaines conditions. Dans le cas de l'exploitation de diagrammes d'impédance, cette prédiction est limitée par la nature des données d'entrée qui ne sont pas toujours facilement accessibles dans les conditions réelles de fonctionnement de la batterie. Ils expliquent également le comportement de la batterie uniquement pour des petits signaux (variations de tension faibles).

3.2.1.3 Modélisation à l'aide des réseaux de neurones

Un réseau de neurones est constitué de cellules appelées neurones, reliées entre elles par des connections, qui leur permettent d'envoyer et de recevoir des signaux en provenance d'autres cellules du réseau. Chacune de ces connexions reçoit une pondération. Elles disposent aussi d'une fonction d'activation, qui est dans le cas le plus simple identique au résultat obtenu par l'entrée.

Ces modélisations sont développées pour une application de type véhicule électrique, par exemple par Chan et al [116, 117]. Dans cette étude, les réseaux de neurones étaient utilisés pour ajuster des courbes de décharge à courant constant entre 20 A et 110 A soit moins d'une décade de variation. Le domaine de variation de courant étudié ne justifie pas l'utilisation d'un modèle aussi complexe. En ce qui concerne l'application photovoltaïque, Urbina et al. [118] proposent une modélisation stochastique des différents composants du système et notamment de l'accumulateur plomb-acide. Les auteurs déduisent la perte de capacité en fonction de la profondeur de décharge et du temps de décharge mais précisent que ce modèle doit être amélioré car il est fondé sur un nombre limité de données. C'est en effet un des principaux problèmes soulevés par l'utilisation d'une telle méthode : l'apprentissage du réseau est long et le nombre d'expériences préliminaires est considérable. Même si ces modèles conduisent à une bonne corrélation avec les données expérimentales initiales, ils restent des modèles de régression dont l'utilisation en extrapolation sans précaution est risquée. C'est-à dire qu'ils ne représentent de manière fiable que le domaine expérimental sur lequel ils ont été calés. La représentation par réseau neuronal reste une description strictement algébrique des relations entrée/sortie non basée sur la physique du système à modéliser.

3.2.1.4 Modélisation à l'aide de la logique floue

La logique floue traduit le fait qu'un phénomène ne peut pas toujours être décrit par l'algèbre booléen dans lequel une variable ne peut prendre que deux valeurs 0 ou 1. Elle permet de traduire l'ambiguïté d'un événement en laissant la possibilité à un phénomène d'appartenir en même temps à un ensemble et à son complémentaire. Elle est utile partout on n'a pas la possibilité d'effectuer des mesures formelles ou probabilistes. La logique floue est exprimée sous forme d'une fonction d'appartenance qui est déterminée à l'aide des réseaux de neurones ou prédéfinie par un expert.

Dans le cas de la batterie au plomb, les variables modélisées à l'aide de la logique floue sont l'état de charge et l'état de santé. Singh et Reisner proposent l'utilisation de la logique floue pour la détermination de l'état de charge d'un accumulateur plomb-acide [119]. Ils exploitent les diagrammes d'impédance à certaines valeurs de fréquences pour lesquelles une réelle distinction peut être effectuée entre un accumulateur plomb-acide à un faible SOC et un autre avec un SOC élevé. Ainsi les auteurs estiment que l'allure des diagrammes d'impédance est significativement différente pour des cellules tests de SOC différents, à des fréquences de 10 et 100 Hz. Ces valeurs sont donc les points d'entrée du modèle pour le calcul du SOC. Des algorithmes sont alors testés pour trouver les fonctions d'appartenance. Une fois celles-ci explicitées, le modèle est testé sur des cellules inconnues. Les auteurs parviennent à estimer le SOC de ces cellules à 5 % près. Enfin, la logique floue peut également être introduite dans des algorithmes de régulation des accumulateurs plomb-acide comme le proposent Liang et al. [120]. Ce modèle permet notamment de calculer le courant optimal à injecter lors de la recharge. Cette méthode a les mêmes limitations que les réseaux de neurones. Les deux méthodes peuvent d'ailleurs être regroupées dans la catégorie modélisation à l'aide de l'intelligence artificielle.

Les types de modélisation décrits précédemment permettent d'accéder à certains paramètres de fonctionnement de la batterie comme l'état de charge, l'état de santé, le potentiel. Cependant, elles ne donnent aucun renseignement sur l'état de la matière active et ne permettent pas de bien comprendre les phénomènes physico-chimiques mis en jeu. Or la connaissance de ces phénomènes permet de mieux comprendre le fonctionnement de la batterie et d'interpréter les améliorations dues à certaines stratégies de charge ou de décharge. Une approche de compréhension est donc nécessaire qui sera donnée ci après.

3.2.1.5 Modèles à base physique

Le but de cette approche est de mieux comprendre les phénomènes se produisant au sein de la matière active. Elle s'applique pour décrire les phénomènes physico-chimiques locaux lors de la charge, la décharge ou au repos de l'accumulateur. Ces phénomènes sont en général inaccessibles par les modèles de fonctionnement qui consistent en une approche macroscopique.

- **Modèles hybrides impédance et transport de matière**

Ce type de modélisation est un intermédiaire entre les modèles qui définissent des circuits électriques à partir des diagrammes d'impédance et les modèles entièrement physiques.

Ce modèle consiste à combiner l'utilisation de circuits électriques en ajustant les diagrammes d'impédance et la modélisation plus au moins fine des phénomènes de transport de matière et la variation de la tension en fonction de la concentration. Des exemples de ces modèles sont ceux de Thele et al. [122, 123].

Dans le premier modèle de 2005, les auteurs utilisent un circuit électrique contenant des résistances variables, des éléments à phase constante, une inductance et une force électromotrice qui dépend de la concentration. Celle-ci est calculée à partir d'un modèle mathématique monodimensionnel de transport de matière qui prend en compte la variation de la porosité en fonction du temps et celle du coefficient de diffusion en fonction de la concentration. Le modèle est confronté à l'expérience avec trois décharges rapides séparées par des périodes de relaxation. Le modèle est bien corrélé à ces expériences. Cependant, l'étude de sensibilité aux différents paramètres n'est pas réalisée.

Ce modèle a ensuite été amélioré pour répondre à toutes les conditions opératoires en ajoutant une modélisation précise des phénomènes de surcharge et d'acceptation de la charge. Cette acceptation est introduite en mettant l'accent sur la cristallisation et la croissance des cristaux de sulfate de plomb et son effet sur les réactions de dégagement gazeux. Nous faisons les mêmes remarques sur la corrélation avec l'expérience et l'analyse des paramètres.

Ce type de modèle est intéressant car il permet la simulation de plusieurs profils de charge et de décharge. L'analyse de l'interaction des différents paramètres et phénomènes reste cependant difficile.

- **Modèles entièrement physiques**

Dans la littérature plusieurs auteurs ont adopté cette approche. Les phénomènes intégrés dans chaque modèle dépendent des objectifs de chaque auteur. Parmi ces phénomènes : l'autodécharge, la stratification de l'électrolyte, la variation de la température, le changement de porosité lié aux changements structuraux de la matière active, la charge ou la décharge de la double couche électrochimique lorsque des phénomènes transitoires ont lieu. Certains modèles permettent de décrire la décharge, d'autres sont aussi adaptés à la charge. Dans ce cas selon le domaine de tension exploré lors de la recharge, des réactions parasites comme celles de dégagement gazeux peuvent avoir lieu et selon la précision souhaitée du modèle, ces réactions sont ou non intégrées. Ces modèles consistent en des systèmes d'équations aux dérivées partielles souvent non linéaires et avec un nombre important de paramètres. Ces modèles sont à plusieurs niveaux selon les phénomènes pris en compte.

- **Electrodes poreuses**

Les premiers modèles mathématiques intégrant la porosité des électrodes sont ceux de Simonsson en 1973 [124]. A noter que ces modèles sont monodimensionnels et ne prennent pas en compte la capacité de double couche. Ensuite, une revue de la théorie des électrodes poreuses a été réalisée par Newman et Tiedemann en 1975 [125] qui ont référencé 140 publications à ce sujet. L'application de cette théorie pour les batteries est également étudiée. Ces premières approches de la porosité des électrodes permettent d'avoir des résultats qualitatifs sur l'influence de la porosité sur le fonctionnement des électrodes de la batterie au plomb, par exemple le rôle de la capacité de double couche ou de l'appauvrissement des pores en électrolyte notamment à l'électrode positive.

- **Modélisation des mécanismes réactionnels en décharge**

Certains auteurs ont essayé de comprendre les mécanismes réactionnels de décharge aux électrodes et les modéliser. Parmi ces auteurs Kappus [126] en 1983 qui a décrit la nucléation, la croissance et la recristallisation des produits de décharge aux électrodes. Le modèle d'électrode contient cinq paramètres et permet d'interpréter la forme des courbes expérimentales de décharge, et de voir notamment la présence du phénomène de coup de fouet (augmentation sous forme de pic de la tension au début de la décharge dans certaines conditions). Néanmoins, le changement de données expérimentales influence beaucoup les paramètres de cette théorie. Ainsi, en 1989 Ekdunge et Simonsson [127] ont établi un modèle cinétique de l'électrode négative poreuse et ont estimé expérimentalement les paramètres du modèle. Ils ont également montré les améliorations à forts régimes de décharge dues à l'ajout d'additifs organiques dans l'électrode. Dans un autre travail plus récent, Vilche et Varela [128] ont utilisé plusieurs techniques expérimentales pour la validation et l'identification paramétrique d'un modèle cinétique de la réaction à l'électrode de plomb. Les résultats ont montré que les réactions contiennent des processus irréversibles, ce qui entraîne l'élaboration d'un mécanisme réactionnel complexe comportant des phases de nucléation et de croissance tridimensionnelle de produits réactionnels, contrôlé par un processus de transfert de charge en parallèle avec un mécanisme de dissolution/précipitation. Pavlov et al. [61, 62, 73, 129] ont également étudié les différents mécanismes aux électrodes et l'effet de certains paramètres sur ces mécanismes. D'autres auteurs ont combiné plusieurs modèles existants pour étudier certains mécanismes. Ainsi, Stewart et al. [130] ont utilisé une combinaison des modèles de Pavlov. Ces modèles restent cependant spécifiques à la cinétique des réactions et ne simulent pas le fonctionnement global de la batterie.

- **Modèles globaux de la charge ou de la décharge**

Devant le nombre important de ces modèles nous avons regroupé les plus intéressants pour la décharge : Dimpault- Darcy [131], Nguyen [132], Morimoto [133] Bernardi et Gu [134] Lafollette [135, 136], Kim [137], Harb [138], Ekdunge [139], Semenenko [140]. Pour la charge on a les modèles donnés par les auteurs suivants : Bernardi [141, 142], Tenno [143, 144], H. Gu [145], W.B. Gu [146, 147], Karlson [148], Guo [149], Srinivasan [150], Benchetrite [77].

En mettant l'accent sur les phénomènes physicochimiques modélisés, la géométrie, et les aspects qui nous intéressent tels que le nombre de paramètres et la confrontation avec l'expérience. Il est à noter que les modèles de charge sont également valables en décharge.

Dans le système de stockage photovoltaïque, les opérations de fonctionnement et la maintenance sont fondamentalement différentes des autres applications. Les batteries utilisées en photovoltaïque, appelées batteries solaires sont dimensionnées par plusieurs auteurs [151-187].

Parmi ces auteurs, Chaurey [151], Lamber et al. [152] ont étudié les spécifications les plus appropriées dans les systèmes de stockage solaire. Plusieurs facteurs influent sur la durée de vie des batteries dans un système photovoltaïque [153]. La durée de cyclage des batteries plomb acide est souvent calculée pour une seule profondeur de décharge souvent 80 %. Pour une première approximation, la durée de vie pour les autres profondeurs de décharge peut être estimée en assumant que le nombre de cycles multiplié par la profondeur de décharge d'un cycle est une constante [154].

L'alliage plomb-antimoine est utilisé dans la grille de l'électrode positive d'une batterie au plomb, plusieurs études ont été menées dans cet axe afin de donner les caractéristiques des électrodes plomb-antimoine.

Des recherches récentes [155] ont indiqués que le Sb dans l'électrode Pb-Sb influe sur la microstructure et sur les caractéristiques électrochimiques de la matière active ainsi que les couches de corrosion dans l'électrode.

Un modèle décrivant le vieillissement des batteries au plomb utilisées dans les systèmes photovoltaïques est proposé par Degner et al. [156]. Ils considèrent que la corrosion de la plaque positive est causée par les faibles tensions durant le fonctionnement (faible profondeur de décharge). La corrosion fait donc varier les propriétés courant / tension de la batterie.

Spiers et al. [157] ont développé un modèle simple déterminant la durée de vie définitive des batteries au plomb ouvert dans les applications photovoltaïques. Ce modèle exige seulement les données disponibles, c'est-à-dire la durée du cyclage et la durée de vie en mode flottant obtenues à partir des données de fabrication, la température ambiante du site, la charge électrique et la production fournie du champ photovoltaïque.

Bien que généralement il est difficile de connaître précisément la durée de vie actuelle des batteries en service dans un système photovoltaïque isolé.

Dans les systèmes photovoltaïques utilisant les batteries à plaques tubulaires ouvertes, la dépendance entre la température et la corrosion est le facteur limitant la durée de vie de la batterie, mais non pas la durée du cyclage. Le même auteur [158] fait une simple analyse des cycles et de la température relevant de la corrosion de la plaque positive des batteries au plomb ouvert, la durée de vie peut être calculée si les autres facteurs sont éliminés dans le design des systèmes photovoltaïques.

Plusieurs méthodes de simulation et d'optimisation des systèmes photovoltaïques autonomes, avec une grande fiabilité de charge sont présentées dans différents articles. Beyer et al. [159] n'ont pas pris en considération les pertes de capacité dues au vieillissement des batteries. Swami [160] vient compléter cette étude et a mis en évidence l'importance des facteurs qui affectent les performances des batteries dans les systèmes photovoltaïques autonomes, tels que la capacité et la durée de vie.

Le modèle électrique le plus récent décrit par Guasch [86-88] est une nouvelle technique de caractérisation d'un accumulateur au plomb opérant dans un système photovoltaïque. Le noyau de ce modèle est basé sur le modèle bien connu de Copetti.

Les vérifications expérimentales de tous ces modèles font qu'il est difficile d'opter pour tel ou tel modèle car un modèle qui semble être très proche des résultats expérimentaux dans un cas peut être mis en échec dans d'autres circonstances.

Le grand nombre de modèles est en réalité significatif du fait qu'il est difficile d'établir une loi analytique qui considère tous les phénomènes complexes de la batterie.

3.3 Description des modèles d'étude

La difficulté d'établir une loi analytique régissant le comportement dynamique d'une batterie provient essentiellement de la complexité des phénomènes qui régissent à savoir le phénomène chimique et le phénomène électrique.

La caractérisation d'une batterie présente de sérieuses difficultés à cause de nombreux paramètres qui interviennent (courant de charge ou de décharge, densité de l'électrolyte, température, état de charge…).

La relation qui exprime l'évolution de tension aux bornes d'une batterie (V) en fonction du courant (I) durant la charge et la décharge est donnée ci dessus :

$$V = V_{OC} \pm RI \tag{3.1}$$

avec V_{oc} est la tension à circuit ouvert, R est la résistance interne.

Durant la charge, le courant I est positif, il est négatif durant la décharge.

Plusieurs approches de la modélisation des batteries au plomb existent dans la littérature. Ces modèles sont plus ou moins complexes selon les objectifs souhaités. Certains modèles permettent uniquement de simuler grossièrement le comportement de la batterie sous certaines conditions. D'autres à base physique ont pour but de comprendre son fonctionnement.

Les modèles les plus complets contiennent un nombre important de phénomènes et de paramètres avec une interaction importante entre eux et une grande non linéarité des équations.

L'étude précise de la sensibilité de ces modèles aux différents paramètres est quasi impossible sans le recours à des algorithmes très sophistiqués et nécessitant des logiciels de calcul puissants. Plusieurs modèles font aussi référence les uns aux autres pour les valeurs de paramètres et les équations utilisées ce qui entraîne la propagation d'erreurs. L'étude de l'effet spécifique de chaque phénomène est aussi difficile à réaliser avec ces modèles.

Nous avons donc choisi dans notre étude pour modéliser la batterie les quatre modèles décrient ci après.

3.3.1 Modèle de Shepherd

Une première contribution dans le sens d'améliorer la précision de l'équation (3.1) est rapporté par Shepherd [78, 79], qui en étudie les processus internes de la batterie par une équation semi-empirique représentant l'évolution de la tension de la cellule durant la décharge en fonction du temps de décharge, de la densité du courant, et d'autres facteurs pour différents types de batteries. L'équation utilise un minimum de données expérimentales (deux courbes caractéristiques) ajustant les paramètres à travers une méthode graphique. Le modèle inclut un terme exponentiel pour approximer la chute de tension au commencement de la décharge. Ainsi les erreurs des points expérimentaux sont corrigées et la caractéristique de la décharge est donnée.

La même équation est utilisée pour décrire le phénomène de charge en inter changeant seulement les valeurs des paramètres à déterminer. Ce modèle n'est pas applicable en surcharge.

Ce modèle s'adapte à tout type de batterie. Le modèle peut être déterminé soit à partir des données du constructeur ou bien des données expérimentales. Les équations mathématiques relevant de ce modèle sont présentées par les relations ci-après.

3.3.1.1. Equation de la tension de la décharge

L'utilisation du modèle mathématique du processus de décharge nécessite certaines conditions opératoires :

- la matière active de l'anode et de la cathode est poreuse;
- la résistance de l'électrolyte est constante durant la décharge;
- le régime de décharge se fait à courant constant;
- la polarisation est proportionnelle à la densité du courant.

De l'irréversibilité du processus de décharge associé au transfert de charge, il en résulte la nécessité d'appliquer à l'électrode, une tension V différente de la tension d'équilibre Veq. La différence des tensions $\eta = V - V_{eq}$ est appelée surtension électronique. Dans ce cas, elle est due uniquement à celle qui résulte du phénomène

111

de transfert de charge. Pour une réaction à l'anode, la surtension est positive, elle est par contre négative pour une réaction à la cathode.

Lorsque la réaction de la décharge est lente, la relation entre la densité du courant et la surtension de l'électrode (concentration de l'électrolyte constante) est identique à l'expression de Butler-Volmer et de Tafel :

$$i = i_0 \left[\exp\left(\alpha \frac{Z\,F}{r\,T} \eta \right) - \exp\left(-(1-\alpha) \frac{Z\,F}{r\,T} \eta \right) \right] \qquad (3.2)$$

i : densité du courant apparent (A/cm2), i_0 : densité du courant apparent échangé (A/cm2), α : coefficient de transfert de charge ($0 < \alpha < 1$), Z : nombre d'électrons échangés, F : nombre de faraday (96500 coulombs), r : constante des gaz parfaits, T : température (K), η: surtension électronique (positive pour une déposition de cations).

Pour les faibles valeurs de surtension η au voisinage de l'équilibre thermodynamique, un développement limité du premier ordre appliqué à l'expression (3.2) donne la relation suivante

$$i = i_0 \left(\frac{Z\,F}{r\,T} \right) \eta \qquad (3.3)$$

La résistance du transfert des électrons est donnée par la relation :

$$R = \frac{\partial \eta}{\partial i} = \frac{r\,T}{Z\,F} \frac{1}{i_0} \qquad (3.4)$$

Si i_0 tend vers 0, la tension aux bornes de l'électrode se modifie sans qu'aucun courant ne traverse la cellule : l'interface est dite idéalement polarisable.

Si i_0 tend vers ∞, la tension aux bornes de l'électrode reste sensiblement constante quelle que soit la valeur de la densité de courant : l'interface est impolarisable.

La relation linéaire reliant la surtension η à la densité de courant i est valable pour des valeurs de $\eta \geq 0{,}03$.

Lorsque l'équation (3.2) est appliquée pour un élément de batterie, la variation de la surtension η en fonction de i est assimilée à une droite dans les limites intérieures

112

[0.02 - 0.04 V] jusqu'à une valeur de η comprise entre 0.2 - 0.4 V. Dans le cas où tous les facteurs excepté la polarisation sont ignorés, alors la tension à la cathode VC au cours de la décharge est donnée par la relation ci-après :

$$V_C = V_{sC} - K_C \, i_{am} \qquad (3.5)$$

VsC : tension standard cathodique (V), KC : coefficient de polarisation par unité de matière active par la densité de courant (Ωcm^2), et iam : densité du courant (Acm^{-2}).

Pour une électrode poreuse, la densité du courant iam est donnée par la relation suivante:

$$i_{am} = \left(\frac{C_C}{C_C - i\,t} \right) \qquad (3.6)$$

avec t le temps de décharge (heure) et CC la capacité au niveau de la cathode (Ah/cm^2).

En substituant l'équation (3.6) dans (3.5), on obtient pour la cathode la relation suivante :

$$V_C = V_{sC} - K_C \left(\frac{C_C}{C_C - i\,t} \right) i \qquad (3.7)$$

et pour l'anode la relation :

$$V_a = V_{sa} - K_a \left(\frac{C_a}{C_a - i\,t} \right) i \qquad (3.8)$$

Quand Ca = CC (toujours vérifié pour un élément de batterie), les équations (3.7) et (3.8) sont reliées pour donner l'équation de la tension aux bornes de l'électrode V, en négligeant la résistance interne :

$$V = V_s - K \left(\frac{C}{C - i\,t} \right) i \qquad (3.9)$$

$$V = V_a + V_C \qquad (3.10)$$

$$V_s = V_{sa} + V_{sC} \qquad (3.11)$$

$$K = K_a + K_C \qquad (3.12)$$

$$C = C_a = C_C \qquad (3.13)$$

où C est la capacité par unité de surface d'un élément.

Dans le cas où la résistance interne R est considérée, on aura la relation suivante :

$$V = V_s - K\left(\frac{C}{C - i\,t}\right) i - R\,i \tag{3.14}$$

Pour des valeurs initiales de décharge, il n'existe pas une concordance entre les valeurs expérimentales et les valeurs données par l'équation (3.14). Pour en corriger cet écart, il faut ajouter un terme supplémentaire et la relation précédente devient :

$$V = V_s - K\left(\frac{C}{C - i\,t}\right) i - R\,i + A\exp\left(\frac{-B}{C}i\,t\right) \tag{3.15}$$

où A et B sont des constantes empiriques.

La relation (3.15) donne une bonne estimation des tensions initiales. Mais dans beaucoup de cas, la réaction de décharge est tellement rapide au début, qu'il est difficile d'effectuer des mesures. C'est pour cela qu'il est possible de négliger le dernier terme de cette relation.

3.3.1.2. Equation de la tension de la charge

Le processus de la charge est généré par la même équation donnée précédemment dans le cas de la décharge. Les valeurs des divers paramètres sont bien entendu différentes et que les signes sont inversés. A partir de la relation (3.15), on déduit l'équation de la charge :

$$V = V_s + K\left(\frac{C}{C - i\,t}\right) i + R\,i - A\exp\left(\frac{-B}{C}i\,t\right) \tag{3.16}$$

3.3.1.3. Identification des paramètres du modèle

Les données expérimentales de la décharge de la batterie au plomb sont tracées sur la figure 3.1. La tension de la batterie est fonction de la capacité, elle est exprimée en ampère heures par centimètre carré ou bien ampères heures par élément dans le cas ou la surface de la cellule n'est pas connue. Les paramètres sont dépendants de l'unité de temps, t, et de l'unité de la densité du courant i. Quand l'unité de la surface de la cellule n'est pas connue, l'unité de la densité de courant est définie comme les ampères par cellule et est égal au courant de la décharge total I.

Pour identifier les paramètres des équations (3.15) et (3.16), le terme Aexp(-Bit/C) est négligé.

Sur les courbes expérimentales, quatre points sont étiquetés, ils sont sélectionnés à partir de deux courbes de décharge, une courbe pour une décharge lente (Ia ou ia) et une pour une décharge rapide (I_b ou ia). Les valeurs de la tension V et du temps t, relevées de la figure 3.1 pour les quatre points 1, 2, 3, 4, sont V_1, V_2, V_3, V_4 et t_1, t_2, t_3, t_4.

Les points sont choisis loin de l'axe, les tensions relevées aux points 2 et 4 sont donnés par les équations :

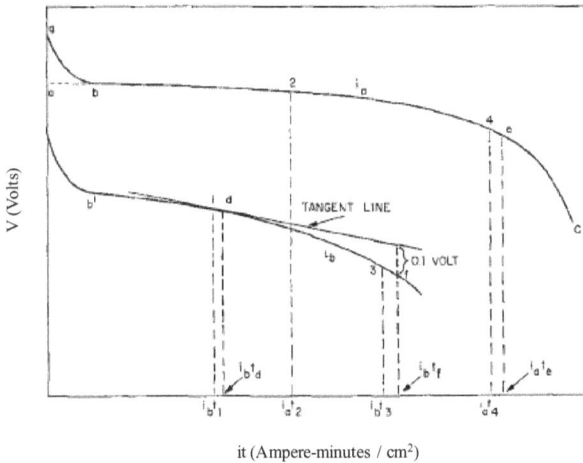

Figure 3.1 : Courbes expérimentales de décharge utilisées pour le fitting

$$V_2 = V_s - K\left(\frac{C}{C - i_a t_2}\right) i_a - R\, i_a \qquad (3.17)$$

$$V_4 = V_s - K\left(\frac{C}{C - i_a t_4}\right) i_a - R\, i_a \qquad (3.18)$$

La différence entre ces relations (3.17) et (3.18) donne :

115

$$V_2 - V_4 = K\, i_a\, \frac{C\left(i_a t_4 - i_a t_2\right)}{\left(C - i_a t_4\right)\left(C - i_a t_2\right)} \tag{3.19}$$

$$V_1 - V_3 = K\, i_b\, \frac{C\left(i_b t_3 - i_b t_1\right)}{\left(C - i_b t_3\right)\left(C - i_b t_1\right)} \tag{3.20}$$

Le rapport entre ces deux relations précédentes :

$$\frac{V_2 - V_4}{V_1 - V_3} = \frac{i_a}{i_b} \times \frac{\left(i_a t_4 - a_a t_2\right)}{\left(i_b t_3 - i_b t_1\right)} \times \frac{\left(C - i_b t_3\right)\left(C - i_b t_1\right)}{\left(C - i_a t_4\right)\left(C - i_a t_2\right)} \tag{3.21}$$

A partir de l'équation (3.21), on détermine la valeur de la capacité C. Puis on injecte la valeur de C dans l'équation (3.19) ou l'équation (3.20) pour en déterminer la valeur du paramètre K.

On substitue les deux valeurs C et K dans les équations (3.17) et 3(.18) et on résout le système à deux équations pour déterminer les paramètres Vs et R.

3.3.2. Modèle de Macomber

Macomber [80] présente un groupe d'équations pour la charge et la décharge de la batterie dans un système photovoltaïque, utilisant comme base le modèle de Shepherd, mais dans une forme normalisée par rapport à la capacité et avec des paramètres de valeurs fixes, ce qui évite la caractérisation expérimentale de chaque type de batterie. Les équations de ce modèle prennent en considération la variation de la température ainsi que la surcharge.

Ces équations ne peuvent pas être appliquées à n'importe quel type de batterie fonctionnant au-dessus du régime transitoire.

3.3.2.1. Equation de la tension de la décharge

La tension pendant la décharge peut s'exprimer en fonction du courant I et de l'état de charge 'SOC' d'un élément de batterie $(0 < SOC < 1)$ par l'expression suivante :

$$V = V_{oc} - \frac{I}{C}\left(\frac{0.189}{SOC} - R\right) \tag{3.22}$$

où SOC : rapport entre la capacité à un temps t et la capacité maximale mesurée pour un taux de décharge de 500 heures; C : capacité nominale de l'élément (Ah); V :

tension (V); I : courant (A); Voc : tension de circuit ouvert (V); R : résistance interne (Ω).

Ces deux dernières grandeurs s'expriment en fonction de la température par les expressions suivantes:

$$V_{oc} = 2.094 \left[1 - 0.001 \left(T - 25 \right) \right] \tag{3.23}$$

$$R = 0.15 \left[1 - 0.02 \left(T - 25 \right) \right] \tag{3.24}$$

Le nombre 0.189 représente la résistance due à la polarisation.

3.3.2.2. Equation de la tension de la charge

La tension d'un élément de batterie au cours de la charge est donnée par l'expression suivante :

$$V = V_{oc} + \frac{I}{C} \left[\frac{0.189}{1.142 - SOC} + R \right] + (SOC - 0.9) \ln \left(\frac{300\,I}{C} + 1 \right) \tag{3.25}$$

Il faut noter que le dernier terme de l'équation de la charge est rajouté sauf quand la somme des deux premiers termes est supérieure à 2.29 V. Ce dernier terme est rajouté pour décrire la surcharge.

3.3.3 Modèle de Copetti

Ce modèle est applicable pour les batteries au plomb, plus particulièrement les batteries solaires. Il simule le comportement dynamique de la batterie en tenant compte de l'ensemble des processus qui en résultent : la décharge, la charge et la surcharge tout en considérant la variation de la température [81-85].

3.3.3.1. Variation de la tension pendant la décharge et la charge

Au cours du processus de décharge et celui de la charge, l'influence de la tension est donnée par l'expression suivante :

$$V = \left[V_{oc} + K \frac{Q}{C} \right] \pm I\,R \tag{3.26}$$

Le premier terme de l'expression représente la variation de la tension d'équilibre (tension de circuit-ouvert) en fonction de l'état de la charge de la batterie (variation de la concentration de l'électrolyte) où K est un coefficient de proportionnalité, Q le nombre d'ampères-heures à extraire pendant la décharge ou à fournir pendant la charge de la batterie, et C est la capacité de la batterie. Le second terme de l'expression est le produit de la résistance interne totale R par le courant I, qui peut être soustrait si on considère le processus de la décharge, par contre ce produit est additionné pendant la charge.

3.3.3.2. Capacité de la batterie

La capacité est très influencée par le régime de décharge, de nombreuses équations en décrivent cette dépendance et sont rapportées dans la littérature. L'équation de Peukert [89] est restée valable et encore très utilisée à nos jours. Il a considéré que le produit du temps de décharge (t) par le régime de décharge (I^n) est une constante. Pour une batterie donnée, on a la relation suivante :

$$I^n \, t \,=\, Cte \qquad\qquad\qquad (3.27)$$

Comme la capacité est le produit du courant (I) avec le temps de décharge (t), sa relation est donnée par l'expression suivante :

$$C = \frac{t}{I^{n-1}} \qquad\qquad\qquad (3.28)$$

La constante 'Cte' et n sont des constantes empiriques déterminées pour chaque type de batterie. D'après l'étude [188], l'équation (3.28) est validée seulement pour les régimes de décharge standards, avec $1 < n < 2$, tandis que pour les régimes extrêmes, cette dernière a donné des résultats non satisfaisants. Cette équation a été modifiée en prenant en compte l'effet de la température par une relation linéaire entre la capacité et la température pour n = 1.39 à T = 25 °C.

A partir des résultats expérimentaux, l'équation de Peukert est réécrite tout en prenant compte des effets des faibles régimes et de la température, selon la relation suivante :

$$C = \frac{C_T}{1 + a \, I^b} \left(1 + \alpha' \, \Delta T + \beta' \, \Delta T^2 \right) \qquad\qquad\qquad (3.29)$$

où C_T est la constante représentant la capacité maximale quand le courant de décharge tend vers zéro, a et b sont des coefficients relatifs au type de batterie. Un ajustement pour l'effet de la température est obtenu par un polynôme du deuxième ordre où α et β sont représentatifs du type de batterie. La variation de température ΔT est calculée par rapport à la température de référence de 25 °C.

3.3.3.3. Résistance interne de la batterie

L'équation de la résistance interne totale de la batterie est donnée par la relation (3.30). Les paramètres de l'équation sont déterminés à partir des résultats expérimentaux de la charge et la décharge de la batterie. Cette équation donne la variation de la résistance R avec l'état de charge, le régime et la température qui est la somme de plusieurs résistances mise en série correspondant aux différents phénomènes de polarisation et de diffusion.

$$R = \left[\frac{P_1}{1 + I^{P_2}} + \frac{P_3}{\left(1 - Q/C_T\right)^{P_4}} + P_5 \right] \left(1 - \alpha_r \, \Delta T\right) \tag{3.30}$$

Les paramètres P_1 à P_5 et α_r sont déterminés empiriquement. L'équation de la résistance est identique pour les deux processus, seuls les valeurs des paramètres diffèrent. Le sulfate formé pendant la décharge est un non conducteur et sa présence augmente la résistance de la batterie quand elle est traversée par un courant électrique. En fin de décharge, la résistance est deux à trois fois plus élevée que sa valeur initiale. Au cours de la charge, la résistance continue à chuter même après que la batterie soit déconnectée, cela est due à l'égalisation graduelle de la concentration de l'électrolyte et à la dissipation des gaz dégagés en cours de la surcharge.

La température a une influence très marquée sur la résistance interne de la batterie. La résistance interne, en fonction de la profondeur de décharge, diminue lorsque la température augmente pour un même régime de décharge. Les températures élevées augmentent le coefficient d'activité de l'électrolyte, causant une faible résistance.

Il est montré pour les mêmes conditions opératoires que le produit de la résistance interne et de la capacité est pratiquement une constante. C'est très opportun en fait parce qu'il facilite ainsi de développer des modèles normalisés du comportement vis-à-vis de la capacité, résultat extrêmement utile dans la simulation de la batterie.

119

3.3.3.4. Variation de la tension pendant la surcharge

Les caractéristiques spécifiques des systèmes photovoltaïques, en particulier la variation de l'intensité de la charge avec la radiation solaire imposent l'utilisation des régulateurs de la charge tout à fait différents à ceux utilisés dans les autres applications, par exemple les batteries de démarrage. La détermination des conditions d'un tel système a été le principal objectif des tests expérimentaux menés dans cette étude, sans oublier de porter la charge jusqu'au dégagement gazeux. La relation entre la tension de fin de charge Vfc en fonction du régime de charge et de la température est donnée par l'équation suivante :

$$V_{fc} = [A' + B' Log(1 + I)](1 + \gamma \Delta T) \tag{3.31}$$

où A, B et γ sont des paramètres expérimentaux pour chaque type de batterie.

La même relation (3.31) est utilisée pour déterminer la tension au début du dégagement gazeux Vg mais avec des valeurs différentes des paramètres. Bien qu'il soit difficile de trouver le point du début du dégagement gazeux, la valeur de Vg nécessite donc la connaissance des paramètres au point d'inflexion de la courbe caractéristique de la charge de la batterie, représentée sur la figure 3.2. La détermination de Vg est effectuée graphiquement.

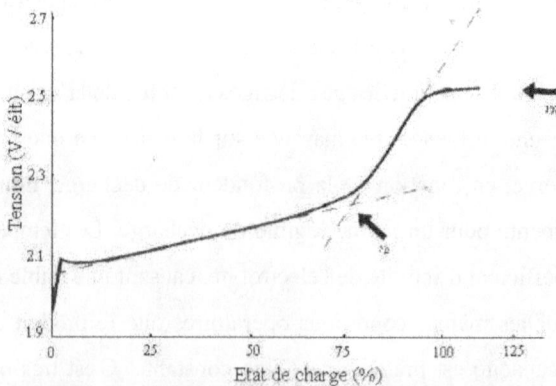

Figure 3.2 : Tension du dégagement gazeux et tension de fin de charge
en fonction de l'état de charge

L'évolution de la courbe caractéristique de surcharge est donnée par la relation (3.32), située entre le point du début du dégagement gazeux V_g et le point de fin de charge V_{fc}.

$$V = V_g + \left(V_{fc} - V_g\right)\left(1 - \exp\left[-\frac{t - t_g}{\tau}\right]\right) \tag{3.32}$$

où t est le temps depuis le début du processus de la charge, tg correspondant à V_g, τ est la constante de temps du phénomène donnée par l'inflexion de la courbe en fin de la charge complète. L'ajustement de chaque régime de charge conduit à la conclusion que les phénomènes charge et surcharge sont inversement reliés par l'équation :

$$\tau = \frac{p_1}{\left(1 + p_2 I^{p_3}\right)} \tag{3.33}$$

où p1, p2 et p3 sont des paramètres pour chacun des types de batterie.

En résumé, le processus global de charge est représenté par l'équation (3.26) donnant la variation de la tension de la batterie avant le phénomène du dégagement gazeux (V < Vg) et par l'équation (3.32) représentant la surcharge (V > Vg), jusqu'à arriver à la tension de fin de charge finale qui est constante Vfc.

3.3.3.5. Identification des paramètres du modèle

Les valeurs des paramètres des équations précédentes ont été déterminées par calcul à partir des résultats expérimentaux en utilisant l'algorithme de Marquardt [189, 190].

Dans un premier temps, les équations de la résistance interne et de la capacité, puis ceux de la tension sont ajustées. Avec cette procédure, il est possible de diminuer le nombre de paramètres à identifier chaque fois, en améliorant ainsi la précision de la convergence donnée par l'algorithme de régression. Les équations caractérisant la surcharge sont également identifiées.

Les valeurs des paramètres V_0 et K de l'équation (3.33) sont estimées à partir de la mesure de la tension de circuit-ouvert à différent état de charge. La procédure de mesure de la résistance par les périodes est la bonne méthode pour la détermination de la résistance totale de la batterie dans les états stationnaires. Une fois que la valeur de la résistance est donnée, les paramètres des équations du modèle sont calculés. Ces paramètres et les coefficients des équations de la capacité, de la résistance, de la charge, de la surcharge du modèle théorique sont différents d'une batterie à une autre et d'un type à l'autre.

Dans le but de généralisation des équations du modèle théorique, la variation des valeurs des paramètres a été analysée pour les trois types de batterie Tudor, Varta et Fulmen [81-85]. Il est à remarquer qu'à l'exception du terme de la résistance les valeurs des paramètres

des autres termes sont relativement identiques.

La résistance varie d'une batterie à une autre, mais il est démontré que le produit (R x C) est simplement une constante, donc ce dernier est applicable pour différentes capacités et pour différents types de batterie, et il permettrait avec les simplifications du modèle proposé auparavant de réécrire le modèle afin qu'il soit applicable à tout type de batterie.

L'effet du vieillissement n'a pas été considéré dans le modèle général, ainsi que l'effet de l'autodécharge, bien qu'ils aient une influence sur les systèmes photovoltaïques.

Le modèle proposé par Copetti est applicable pour les batteries au plomb, plus particulièrement les batteries solaires. Il simule le comportement dynamique de la batterie en tenant compte l'ensemble des processus qui en résulte, comme : la décharge, la charge et la surcharge et en considérant la variation de la température. Les équations mathématiques sont écrites comme fonction de la capacité nominale C_{10} et elles sont données dans ce qui suit.

3.3.3.6. Equation de la tension de la décharge

La tension aux bornes de la batterie au cours du processus de décharge est donnée par l'équation suivante :

$$V_d = [2.085 - 0.12\ (1 - SOC)] - \frac{I}{C_{10}} \left(\frac{4}{1 + I^{1.3}} + \frac{0.27}{SOC^{1.5}} + 0.02 \right) (1 - 0.007 \Delta T) \qquad (3.34)$$

ΔT représente l'écart entre la température ambiante de la salle des batteries et la température de référence (Tref = 25 °C).

$$\Delta T = T - T_{ref} \tag{3.35}$$

L'état de charge de la batterie SOC indique la quantité d'électricité emmagasinée pendant la charge à l'instant t donné, et (1 – SOC) est la profondeur de décharge. Ils sont donnés par les relations suivantes :

$$SOC = 1 - \frac{Q}{C} \tag{3.36}$$

$$DOD = \frac{Q}{C} = \frac{I\,t}{C} \tag{3.37}$$

où Q représente les ampères-heures emmagasinés dans la batterie pendant un temps t avec un courant de charge I.

L'efficacité de la batterie pendant la décharge est supposée égale 100 %; cependant, la capacité totale utile pendant la décharge est limitée par l'intensité de courant et la température. Cette dernière est normalisée par rapport à la capacité nominale C_{10} et au courant nominal I_{10}: elle est donnée par la formule suivante :

$$\frac{C}{C_{10}} = \frac{1.67}{1 + 0.67\left(I/I_{10}\right)^{0.9}}\ \left(1 + 0.005\ \Delta T\right) \tag{3.38}$$

Quand le courant de décharge tend vers zéro, la capacité maximale CT qui peut être extraite est supérieure de 67 % de la capacité nominale C_{10} à 25 °C.

La valeur de 0.67 correspond à un facteur de référence pour le régime de décharge.

3.3.3.7. Equation de la tension de la charge

L'équation normalisée de la charge est la suivante :

$$V_c = \left[2 - 0.16\ SOC\right] + \frac{I}{C_{10}}\left(\frac{6}{1 + I^{0.86}} + \frac{0.48}{\left(1 - SOC\right)^{1.2}} + 0.036\right)\left(1 - 0.025\Delta T\right) \tag{3.39}$$

L'état de charge SOC pendant la décharge est facilement calculable pour chaque instant, néanmoins, il est beaucoup plus difficile à calculer pendant la recharge.

Dans ce cas, l'état de charge SOC est fonction de l'efficacité de charge et de l'état de charge initial de la batterie ηc et SOC0. Le calcul de SOC est donné par la relation :

$$SOC = SOC_0 + \frac{\eta_c\,Q}{C} \tag{3.40}$$

Généralement, la limite de la région effective est caractérisée par l'état de charge proche de 0.7 et une tension ne dépassant pas 2.3 V / élément à 25 °C.

Une fonction représentant la variation de l'efficacité de charge avec l'état de charge et le régime de charge est donnée par la relation suivante :

$$\eta_c = 1 - \exp\left[\frac{a'}{\dfrac{I}{I_{10}} + b'}(SOC - 1)\right]$$ (3.41)

où a' et b' sont des constantes de recharge, et dépendent des caractéristiques spécifiques de la batterie. Pour les trois types de batteries au plomb à plaques positives tubulaires avec un faible taux d'antimoine, les constantes a et b sont respectivement égales à 20.73 et à 0.55.

Pour une charge complète, le rendement de charge (ηc) chute à zéro. Les accumulateurs au plomb possèdent alors un rendement variant de 70 à 80 %.

3.3.3.8. Equation de la tension de la surcharge

L'équation de la surcharge du modèle théorique (3.39) a été modifiée, en changeant l'expression qui inclut le temps variable par le terme de la capacité. Cela est afin de faciliter l'usage du modèle dans le programme de simulation, parce qu'en cours d'opération normale, les courants varient continuellement, et il serait très difficile de comptabiliser à partir du point initial. La nouvelle forme de l'équation de la surcharge (gaz évolution) est donnée par la relation suivante :

$$V_{surc} = V_g + \left(V_{fc} - V_g\right)\left[1 - \exp\left(\frac{0.95\,C - Q}{I\,\tau}\right)\right]$$ (3.42)

Pendant la surcharge, les essais montrent que la tension de fin de charge (V_{fc}) croît avec l'intensité de courant et décroît avec la température. Le phénomène du dégagement gazeux (V_g), ainsi que la tension de fin de charge sont représentés par les relations suivantes:

$$V_g = \left[2.24 + 1.97\ln\left(1 + \frac{I}{C_{10}}\right)\right](1 - 0.002\,\Delta T)$$ (3.43)

124

$$V_{fc} = \left[2.45 + 2.011 \ln \left(1 + \frac{I}{C_{10}} \right) \right] (1 - 0.002 \, \Delta T) \tag{3.44}$$

Q (I x t) représente les ampères-heures effectivement emmagasinés pendant la charge dans la batterie à partir de l'instant où commence la surcharge jusqu'à la fin de charge. Le terme (0.95 C) indique qu'au début de la surcharge, on suppose que 95 % de la capacité de décharge sont restitués pendant le début de la surcharge.

La constante de temps τ est inversement proportionnelle au courant de charge. Elle est donnée par l'équation suivante :

$$\tau = \frac{17.3}{1 + 852 \left(\dfrac{I}{C_{10}} \right)^{1.67}} \tag{3.45}$$

3.3.4. Modèle de Guasch

3.3.4.1. Introduction

Ce modèle traite les batteries travaillant dans des systèmes photovoltaïques. Malgré que les batteries soient largement utilisées, le comportement de leurs réactions électrochimiques masque une complexité inattendue. Le problème de la simulation de batteries au plomb-acide au moyen de circuits électriques équivalent a été décrit dans la littérature, d'autres modèles peuvent être trouvés avec différents degrés de complexité pour la qualité de simulation. Certains modèles offrent un bon compromis entre la complexité et la précision, mais le problème de la modélisation des batteries pour l'analyse des systèmes photovoltaïques en utilisant des batteries au plomb-acide n'a pas encore été résolu de façon satisfaisante pour le moment.

Peut-être parce que la plupart des modèles ont été développés pour charger et décharger la batterie à courant constant mais ne prenant pas en compte le comportement dynamique de la batterie au plomb-acide dans les applications photovoltaïques. Le modèle électrique de Guasch [86-88] est une nouvelle technique de caractérisation d'un accumulateur au plomb opérant dans un système photovoltaïque. Le noyau de ce modèle est basé sur le modèle bien connu de Copetti.

Ce modèle prend en compte le comportement de la batterie comme une séquence d'états stables, sans les effets transitoires et en supposant les courants et les températures constants dans tous les tests. Par conséquent, des discontinuités numériques apparaissent dans les transitions entre les étapes constantes dans les applications dynamiques. En outre, toutes les valeurs numériques du modèle sont adaptées sur la batterie spécifique, et doit être ajusté pour chaque nouvelle batterie.

Après une étude exhaustive du modèle de Copetti, le déficit mentionné nous a conduit à développer de nombreuses solutions pour les simulations dynamiques. D'une part, des discontinuités numériques sont évitées en considérant des constantes dans le modèle de Copetti comme de nouvelles variables dans ce nouveau modèle, et en adoptant des approches linéaires entre les états stationnaires. D'autre part, pour le raccord des valeurs numériques du modèle, l'algorithme de Levenberg-Marquardt [189, 190] est appliqué pour obtenir des résultats plus précis. En outre, certains paramètres ont été redéfinis tel que l'état de charge (SOC) et d'autres nouveaux ont été ajoutés, tels que le niveau d'énergie (LOE) et l'état de santé de la batterie (SOH) qui prend en considération le vieillissement. Ainsi, un modèle de batterie améliorée est discuté pour les applications dynamiques de l'énergie solaire photovoltaïque.

3.3.4.2. Equations du modèle

Dans une première approximation de puissance, la batterie peut être considérée comme une source de tension réelle. Une approche électrique d'une batterie est indiquée dans la figure 3.3 et dans l'équation (3.46). Il se compose d'une source de tension Voc et une résistance R. Ce premier modèle générique comprend les principales variables du système : l'état de charge des batteries SOC, le courant circulant dans la batterie I, et la température de travail.

$$V = V_{oc} + IR \begin{cases} V_{oc} = f(SOC) \\ V_{oc} = f(I, SOC, T) \end{cases} \tag{3.46}$$

La source de tension Voc représente la tension à circuit ouvert aux bornes de la batterie. Cette tension est due à l'énergie stockée dans la batterie à travers les réactions électrochimiques. De toute évidence, ce terme dépend directement de l'énergie stockée. D'autre part, R représente la résistance que la batterie offre aux flux d'énergie. Cette valeur inclut les effets de point de fonctionnement (I, SOC, T) et l'état de santé de la batterie. Une batterie endommagée montre une grande valeur de la résistance indépendamment de son point de fonctionnement. En outre, la résistance est inversement proportionnelle à l'état de charge. En même temps que la batterie se décharge, la valeur de la résistance est en augmentation. Notez que tous les effets physiques sont transformés en effets électriques et sont modélisés en ces termes. L'état de charge doit être considéré comme un indicateur de la charge électrique stockée par la batterie.

La valeur disponible de l'état de charge est dans la gamme de 0 <SOC <1. Les équations (3.47 à 3.49) décrivent le comportement de cet indicateur. Limites impliquées sont : C (t) la capacité de la batterie, ηc l'efficacité de charge et I (t) le courant qui le traverse.

Aussi $C_{nominale}$ est la capacité nominale de la batterie (à n heures), C_t coef, A_{cap} et B_{cap} sont des constantes du modèle, ΔT est la variation de température de la valeur de référence de 25°C, I_n le courant de décharge correspondant à la capacité nominale $C_{nominale}$, n est le temps en heures, et αc et βc sont les coefficients de température. Notez que le SOC est la relation entre l'énergie a accepté et la capacité disponible à tous temps. La limite intégrale intérieure donne l'énergie admise au cours de la vie active de batterie.

L'intégrale intérieure de l'expression représente les modèles de l'énergie à accepter au cours de la vie de travail de la batterie. En outre, l'intégrale extérieure de l'expression représente les modèles de capacité due au point de fonctionnement environnemental à n'importe quelle heure donnée. Les deux termes sont en fonction du temps et évoluent sans interruption. Lorsque SOC est égal à 1, la batterie ne peut pas accepter plus d'énergie du système, parce que l'énergie stockée remplit toute la capacité de la batterie. Et quand SOC est nul, la batterie n'a pas d'énergie.

$$SOC(t_i) = \frac{1}{C(t_i)} \int_{-\infty}^{t_i} \eta_c(t)I(t)\partial t \tag{3.47}$$

$$C(t) = \frac{C_{nominale}C_{tcoef}}{1 + A_{cap}\left(\frac{|I(t)|}{I_{nominale}}\right)^{Bcap}}\left(1 + \alpha_C \Delta T(t) + \beta_C \Delta T(t)^2\right) \tag{3.48}$$

$$I_{nominale} = \frac{C_{nominale}}{n} \tag{3.49}$$

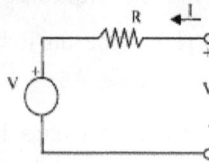

Figure 3.3 : Circuit électrique équivalent d'une batterie

Pour une utilisation plus intuitive de la notion de SOC dans les applications photovoltaïques, un nouvel indicateur a été mis en place : LOE, le niveau d'énergie. Cet indicateur montre la quantité d'énergie disponible dans la batterie dans des conditions normales de travail.

Les équations (3.50, 3.51) montrent comment LOE est défini, avec T_1 et T_2 définissent la plage de température connue de fonctionnement de la batterie. Notez que LOE ne dépend que des paramètres constitutifs du dispositif et le cumul de charge avec le temps, non pas sur l'environnement de travail de la batterie.

Le calcul LOE peut être effectué en tenant en compte de la capacité maximale disponible de la batterie Cn, obtenue en prenant en compte la gamme de valeurs du courant et de la température. Donc, Cn est évaluée à partir de l'équation (3.50), avec le courant de la batterie égal à zéro et la valeur maximale de la température est considérée pour une première approche théorique égale à 40°C. Ainsi, LOE n'est pas limitée à la limite supérieure de 1, mais les valeurs LOE proche ou supérieur à 1 ne sont pas souhaitables pour éviter d'endommager la batterie. LOE représente directement l'énergie stockée dans la batterie (C_n considéré comme constante). Par conséquent SOC et LOE sont complémentaires. En outre, une batterie peut avoir SOC=1 et LOE $\neq$ 1; ce qui indique que la batterie est saturée, mais seulement à un pourcentage de la capacité nominale.

$$LOE(t_i) = \frac{1}{C_n} \int_{-\infty}^{ti} \eta_c(t)I(t)\partial t \qquad (3.50)$$

$$C_n = \max(C)\Big|_{T=[T_1,T_2]}^{I=0} \qquad (3.51)$$

Ces équations montrent que ce modèle utilise la méthode de comptage Coulombienne pour la détermination de SOC et de LOE. Une fois la valeur initiale de SOS est déterminée, l'évolution de la batterie est évaluée en fonction de la zone de travail (saturation, surcharges, charge, décharge, décharge profonde ou épuisement) décrit ci-dessous. Ces zones constituent une amélioration des caractéristiques du modèle de Copetti. La figure 3.4 illustre l'évolution de la tension de la batterie due au courant qui la traverse.

Ainsi, différentes zones de travail pour un élément de 2V peuvent être observées. Pour la première 16 h le courant passe à l'intérieur de la batterie, et il évolue en charge, la surcharge et les zones de saturation. De 16 à 27 h, le courant passe en dehors de la batterie et il se transforme en zones de décharge, décharge profonde et d'épuisement. Le tableau 3.1 montre la notation utilisée pour identifier la tension de la batterie dans chacune des zones de travail possible. Les paramètres clefs inclus sont I_{bat} courant de la batterie, la tension nominale de la batterie V_N, tension de gazage V_g, tension maximale de la batterie V_{ec}. Le rendement de charge η_c a été inclus afin de clarifier son comportement. Tous ces termes et équations paramétriques régissant les zones de travail et sont décrits dans les paragraphes suivants.

Zone de décharge

Dans ce domaine, la batterie fournit l'énergie au système. Avec la zone de charge, ce sont les meilleurs domaines de travail de la batterie afin d'éviter des dommages. L'évolution de la tension de batterie est déterminée par l'équation (3.52).

Notez que dans cette équation, le courant est toujours considéré comme une valeur absolue. En outre, le SOC est utilisé à la place de la LOE comme il est plus réaliste et il décrit mieux le comportement de la batterie, sa tension ne représente pas la quantité exacte d'énergie, mais la une quantité d'énergie appropriée au point de fonctionnement. Par exemple, à la décharge élevée, le taux de courant extrait moins d'énergie de la batterie qu'aux décharges basses.

$$V_d(t) = [V_{ocd} - K_{ocd}(1 - SOC(t))] - \frac{|I(t)|}{C_{10}} \left(\frac{P_{1d}}{1 + |I(t)|^{P_{2d}}} + \frac{P_{3d}}{SOC(t)^{P_{4d}}} + P_{5d} \right) (1 - \alpha_{rd}\Delta T(t)) \qquad (3.52)$$

Zone décharge profonde

La batterie fonctionne dans ce domaine si une forte énergie a été extraite. La tension est en diminution rapide en raison des effets non linéaires des réactions électrochimiques, comme indiqué dans l'équation (3.52). Cette situation est dangereuse pour la batterie et doit être évitée en débranchant la batterie du système.

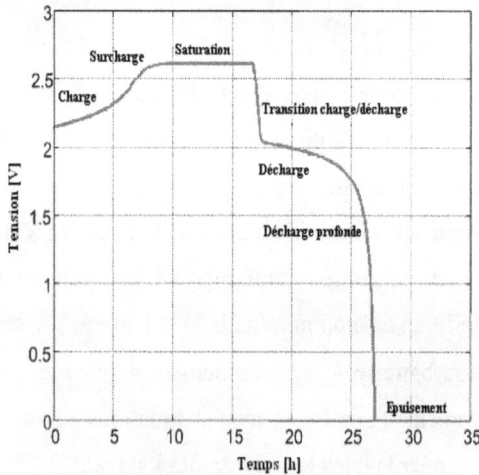

Figure 3.4 : Zones de travail d'une batterie

Zone d'épuisement

C'est la zone la plus dangereuse et peut endommager sérieusement la batterie. Malgré que l'équation (3.52) continue à être validée, l'état de charge SOC ne doit pas être nulle afin d'éviter une singularité. Aussi un reste de tension peut apparaître, mais aucune énergie ne peut être extraite de la batterie.

Zone de charge

La batterie est placée dans ce domaine quand il y a excès d'énergie sur le système. L'énergie est absorbée et cause l'augmentation de la tension, comme il est décrit dans l'équation (3.53). Comme décrit ci-dessus, ensemble avec la zone de décharge, ce sont les zones les plus sûres pour le fonctionnement de la batterie dont le régulateur doit assurer les seuils de charge et de décharge. Un facteur d'efficacité de charge, η_c doit être considérée afin de refléter que seule une fraction de l'énergie théorique est réellement stockée. L'équation (3.54) décrit la relation entre le facteur d'efficacité, le taux de courant et l'état de charge SOC.

$$V_c(t) = (V_{occ} + K_{occ}SOC(t)) + \frac{I(t)}{C_{10}}\left(\frac{P_{1c}}{1+|I(t)|^{P_{2c}}} + \frac{P_{3c}}{(1-SOC(t))^{P_{4c}}} + P_{5c} \right)(1 - \alpha_{rc}\Delta T(t)) \qquad (3.53$$

$$\eta_c(t) = 1 - \exp\left[\frac{a_{cmt}}{\left(\frac{I(t)}{I_{10}} + b_{cmt} \right)} \right](SOC(t) - 1) \qquad (3.54)$$

Zone de surcharge

Si trop d'énergie est stockée dans la batterie, cette dernière peut être saturée, en diminuant l'acceptation de charge due à l'effet de gazage de l'électrolyte. Les équations (3.55 à 3.59) décrivent cet effet. Notez que cela ne signifie pas que la batterie a beaucoup d'énergie, mais seulement que la capacité disponible est presque pleine. Le modèle suppose que la batterie est dans cette zone lorsque $V_{bat} \geq V_g$, où Vg est la tension de gazage. Il s'agit d'une zone dangereuse, en raison des effets de gazage qui libèrent l'hydrogène supplémentaire à l'atmosphère avec le risque de pertes de masse active, y compris les explosions. Cet effet apparaît lorsque SOC(t) $C(t) \approx 95\%$ de la charge maximale. Certains modèles de batterie examinent cette valeur de capacité de la batterie comme une constante dans les équations régissant la zone de surcharge. Cette standard approximation pour déterminer le début de surcharge de la batterie peut entraîner le modèle à des situations critiques, dans le pire des cas une discontinuité de tension de la batterie peut apparaître dans le changement de la zone de charge à la zone de surcharge, et des algorithmes numériques ne seront pas le résoudre. Afin de résoudre cette discontinuité entre les zones de charge et de surcharge, la considération que la batterie peut atteindre au moins une constante de 95% de la charge pour arriver à la zone de surcharge doit être évitée.

Tableau 3.1 : Conditions des zones de travail d'une batterie

Tension de la batterie V_{bat}	Zone de fonctionnement	Condition sur la zone		
Vsc	Zone de saturation	$I_{bat} > 0$	$V_{bat} = V_{ec}$	$n_c \approx 0$
	Zone de surcharge		$V_{ec} \geq V_{bat} \geq V_g$	$0 < n_c < 1$
Vc	Zone de charge		$V_{bat} < V_g$	
Vcd	Zone de transition charge/décharge	$I_{bat} \approx 0$	$Vc \geq Vbat \geq Vd$	
Vd	Zone de décharge	$I_{bat} < 0$	$V_{bat} > 0.9V_n$	$n_c \approx 1$
	Sur décharge		$0.9V_n \geq V_{bat} \geq 0.7V_n$	
	Epuisement		$V_{bat} < 0.7V_n$	

La détermination du début de la surcharge de la batterie est basée sur différents critères au moyen de l'évaluation initiale de la tension de gazage V_g.

La meilleure solution pour l'évaluation de la tension de la batterie dans la zone de surcharge, en éliminant la possibilité des effets de discontinuité lors du changement de la charge à la surcharge de la batterie, est représentée dans l'équation (3.57), tenant en compte le SOC de la batterie au début du gazage, défini comme SOC_{Vg}. L'état de charge de la batterie correspondant au début du gazage de l'électrolyte, comme indiqué dans l'équation (3.59). L'équation (3.57) décrit l'évolution de la tension de batterie pour V_{bat} quand $V_{bat} \geq V_g$. Où $\iota(t)$ est un facteur de temps pour le phénomène de surcharge.

$$V_g(t) = \left[A_{gaz} + B_{gaz} \ln\left(1 + \frac{I(t)}{C_{10}}\right) \right](1 - \alpha_{gaz}\Delta T(t)) \tag{3.55}$$

$$V_{ec}(t) = \left[A_{fonsc} + B_{fonsc} \ln\left(1 + \frac{I(t)}{C_{10}}\right) \right](1 - \alpha_{fc}\Delta T(t)) \tag{3.56}$$

$$V_{sc}(t) = V_g(t) + \left(V_{ec}(t) - V_g(t)\right)\left[1 - \exp\left(\frac{LOE(t)C_n - SOC_{Vg}(t)C(t)}{I(t)\tau(t)}\right)\right] \tag{3.57}$$

$$\tau(t) = \frac{A_{\tau sc}}{1 + B_{\tau sc}\left(\dfrac{I(t)}{C_{10}}\right)^{C_{\tau sc}}} \tag{3.58}$$

$$SOC_{Vg} = SOC\big|V_c = V_g \tag{3.59}$$

Zone de saturation

La batterie ne peut pas accepter d'énergie indéfiniment. Enfin, elle n'accepte pas plus d'énergie. À ce stade, sa tension est maximisée. Notez que les deux équations (3.55) et (3.56) convergent vers la même tension. Aussi ce domaine affecte nettement la santé de la batterie, et généralement, le contrôleur du système déconnecte le panneau solaire pour forcer la batterie à se décharger par les charges du système.

Zone de transition charge/décharge ou décharge/charge

Quand le courant de la batterie dans des applications dynamiques force le passage de la charge à la décharge ou vice versa, les équations de tension des deux zones peuvent introduire une singularité numérique.

$V_c\big|_{I=0}\,(ch\arg e\,batterie, \quad Equation\ 8)\neq V_d\big|_{I=0}\,(Equation\ de\ d\acute{e}ch\arg e\ de\ la\ batterie)$

Ensuite, si une grande fiabilité sur le travail dynamique est nécessaire pour le modèle, comme peut être le cas pour les applications photovoltaïque, cet effet peut causer de grands problèmes dans les algorithmes de simulation numérique. La discontinuité à ce point a une solution simple qui est une évolution linéaire de la tension de la batterie lors du changement de mode de fonctionnement.

Afin d'éviter la possibilité d'apparition d'une discontinuité de la tension de batterie, une valeur seuil du courant I_δ est définie, pour identifier la limite entre les zones de fonctionnement de charge et décharge de la batterie.

Lorsque $I < I_\delta$, une nouvelle équation peut être formulée pour résoudre la discontinuité de la tension de la batterie. En considérant un assez petit I_δ, l'équation (3.60) peut être formulée pour évaluer l'évolution de la tension de la batterie dans ce domaine, où $I < I_\delta$, lorsque le fonctionnement de la batterie est changé de la charge vers la décharge ou vice versa.

$$V_{cc} = \frac{V_{c|I_\delta} - V_{d|I_\delta}}{2I_\delta} I + \frac{V_{c|I_\delta} + V_{d|I_\delta}}{2} \tag{3.60}$$

où V_c et V_{dc} sont les équations de tension de la batterie pour les zones de charge et décharge, respectivement.

3.3.4.3. Paramètres d'extraction

Un problème inhérent de la modélisation est la précision des paramètres du modèle. L'utilisation des valeurs nominales pour une famille de batterie, peut introduire une erreur qui peut être important, selon des conditions de travail et de la durée de vie. Dans le modèle présenté ci-dessus, aucune valeur n'a été proposée pour l'une des constantes impliquées dans les équations du modèle. Ces constantes peuvent être considérées comme des paramètres du modèle. Une méthode automatique pour l'ajustement des paramètres est discutée ci-dessous. Notez que cet algorithme est valable pour les essais statiques ou bien pour les systèmes PV autonome. Une méthode paramétrique automatique d'extraction est proposée afin d'estimer les valeurs des paramètres. Pour mettre en œuvre la fonction d'extraction des paramètres, l'algorithme de Levenberg-Marquardt a été choisi en raison de son efficacité testée.

Les valeurs d'erreur moyenne entre la tension mesurée et les résultats de simulation ont été évaluées à partir de l'équation suivante :

$$\text{Mean error} = \frac{1}{n} \sum_{i=1}^{n} \frac{|V_{mb} - V_{sb}|}{V_{mb}} \tag{3.61}$$

Avec n est le nombre total d'échantillons, V_{mb} est la tension de la batterie mesurée et V_{sb} la tension de batterie obtenu des résultats des simulations.

3.3.4.4. Etat de santé de la batterie

Les effets électrochimiques, telles que la corrosion, la sulfatation ou les pertes d'eau, conduisent à une variation des paramètres internes constitutive. Ainsi, un indicateur de l'état de santé de la batterie SOH doit être considéré dans le modèle. Deux principaux effets ont été pris en compte: la réduction de la capacité de la batterie et la présence d'une autodécharge. Une approximation du comportement de la batterie, sur de longues périodes, doit tenir compte de deux autres facteurs: la température de travail et la zone de travail. Ensuite, les deux doivent être incluses dans le modèle par le biais de deux nouveaux effets : une réduction effective de la capacité de la batterie et le courant d'autodécharge. Ainsi, l'état de santé devient l'indicateur de référence pour la mise en œuvre du modèle. SOH peut être évaluée comme résultat de l'influence des deux facteurs sur la santé de la batterie, comme il est montré dans l'équation (3.62), où une batterie en parfait état correspond à SOH =1 et une batterie complètement endommagée correspond à SOH = 0

$$\text{SOH}(t_i) = 1 - \int_{-\infty}^{t_i} (\eta_T + \eta_{WZ}) \partial t \tag{3.62}$$

Où η_T (s^{-1}) et η_{wz} (s^{-1}) sont facteur de santé du à la température de travail et facteur de santé du à la zone de travail respectivement.

La température est un facteur très important dans la vie de la batterie, pour chaque augmentation de température de 10°C la durée de vie utile de la batterie diminue de moitié. En tenant compte de cela, un facteur de santé de température est proposé dans l'équation (3.63). Lorsque la température de référence T_{ref} est de 10 ° C et α_T ($°C^{-1}$ s^{-1}) et β_T (s^{-1}) sont des coefficients de température. Le décalage du facteur β_T est inclus pour tenir compte des additifs supplémentaires pour la batterie (antigels, etc):

$$\eta_T = \alpha_T |T - T_{ref}| + \beta_T \qquad (3.63)$$

Habituellement, la batterie fonctionne dans les zones de chargement et de déchargement, mais inévitablement, on peut passer à des zones dangereuses telles que surcharges ou décharge profondes. Ces situations peuvent dépendre de la durée et de la profondeur de dédommagement du dispositif.

Ainsi, une zone de travail pour le facteur de santé η_{wz} est proposée, basée sur le tableau 3.1, des expériences empiriques et des informations du fabricant de la batterie sur les tests de vie de la batterie, comme cela est décrit dans le tableau 3.2.

Tableau 3.2 : Valeurs de η_{wz} en fonction de la zone de travail

Zone de travail	η_{wz} (s^{-1})
Saturation et épuisement	5.5×10^{-6}
Surcharge et décharge profonde	5.5×10^{-7}
Charge et décharge	2.7×10^{-7}

3.3.4.5. Efficace de réduction de capacité de la batterie

L'influence de SOH sur le calcul des capacités est proposée, en utilisant une approximation linéaire. Les critères pris en compte estiment que la capacité peut diminuer de 25% de sa valeur nominale lorsque la batterie est complètement endommagée, comme exprimé dans l'équation (3.64), où un coefficient de diminution de capacité de la batterie est défini η_{C10}.

$$\eta_{C10} = 0.75 SOH + 0.25 \qquad (3.64)$$

Pour inclure cette réduction effective de la capacité de la batterie dans le modèle, le coefficient η_{C10} doit être inclus dans l'équation (3.48), comme indiqué dans l'équation suivante:

136

$$C(t) = \frac{C_{no\,min\,al}C_{tcoef}\eta_{C10}}{1 + Acap\left(\dfrac{|I(t)|}{I_{no\,min\,al}}\right)^{Bcap}}\left(1 + \alpha_C\Delta T(t) + \beta_C\Delta T(t)^2\right) \tag{3.65}$$

3.3.4.6. Courant d'autodécharge

Le courant d'autodécharge dépend de la charge accumulée et l'état de santé de la batterie. Il peut être évalué par l'équation (3.67) avec η_q le coefficient du courant d'autodécharge. L'approximation proposée estime que la batterie perd 0.1 à 1% de sa charge par jour, en fonction de la santé de la batterie SOH.

$$\eta_q = 0.01 - 0.009SOH \tag{3.66}$$

$$I_{adc}(t) = \eta_q \frac{Q(t)}{24h}\Delta t \tag{3.67}$$

L'effet du courant d'autodécharge doit être pris en compte par le modèle de la batterie, comme il est indiqué dans la figure 3.5.

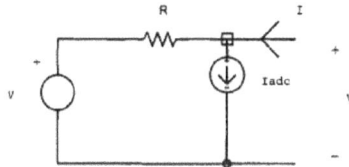

Figure 3.5 : Circuit électrique équivalent incluant le courant d'autodécharge

3.3.4.7. Association des éléments

Les accumulateurs électrochimiques travaillent avec des tensions élevées, généralement 12V ou 24V avec différentes capacités. C'est pourquoi à partir de la valeur standard de 2V, on peut atteindre la tension et la capacité voulue en montant les cellules en séries parallèles. La figure 3.5 montre le schéma de câblage de plusieurs cellules montées en série Ns et montées en parallèles Np. Avant d'analyser le circuit, on doit prendre en compte deux facteurs : premièrement, si toutes les cellules ont les mêmes caractéristiques physiques (les mêmes paramètres constitutifs), et d'autre part, si toutes les cellules sont identiques même LOE et SOH. Pour compléter l'analyse interne, il est utile d'envisager d'étudier chaque cellule

137

séparément du reste puis faire l'étude pour évaluer l'ensemble des cellules. Dans la plupart des cas, on considère que toutes les cellules sont identiques afin de simplifier les calculs. Les équations 3.68 et 3.69 régissent le comportement du circuit.

$$V_a = \sum_{i=1}^{N_{sa}} V_{bi} \approx N_{sa} \cdot V_b \tag{3.68}$$

$$I_a = \sum_{i=1}^{N_{sa}} I_{bi} \approx N_{sa} \cdot I_b \tag{3.69}$$

L'ajout d'effets sur la santé de la batterie offre la possibilité d'évaluer la réponse de la batterie comme une fonction de son utilisation sur de longues périodes. En conséquence, le modèle de batterie permet de reproduire l'évolution de la tension et du courant dans les conditions réelles de travail.

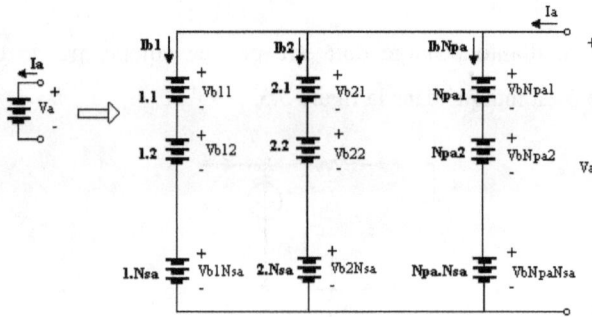

Figure 3.5 : Association Séries parallèles des batteries

3.4. Conclusion

Ce chapitre a pour objectif, la représentation des principales expressions décrivant les divers processus intervenant et influent dans le comportement d'une batterie au plomb acide. Ces expressions mathématiques sont proposées dans la bibliographie dans le domaine du stockage électrochimique.

Ces relations, une fois décrites, nous ont permis d'accéder à la réalisation d'une modélisation, qui sera suivi d'une simulation et une comparaison avec des données expérimentales effectuées sur certains types de batteries choisies.

CHAPITRE 4
Expérimentation et caractérisation des batteries au plomb

4.1. Introduction

Pour caractériser un système de stockage d'énergie par accumulateurs électrochimiques, une étude expérimentale est nécessaire. Cette étude de caractérisation paraît assez complexe, car une parfaite connaissance de la batterie et de ses innombrables grandeurs caractéristiques intervenant dans les divers processus est exigée. Cette caractérisation déboucherait à établir une représentation empirique qui décrirait le comportement de la batterie en relation avec ses divers fonctionnements. Ce chapitre présente donc cette étude expérimentale effectuée sur quelques types de batteries au plomb que nous avons choisies pour une caractérisation. Elle est menée au Laboratoire Photovoltaïque du Centre de Développement des Energies Renouvelables. Dans le cadre de cette caractérisation expérimentale, un certain nombre de tests et d'essais ont été réalisées et effectuées sur sept types de batteries au plomb acide de différentes capacités.

Les principaux tests et essais qui ont été effectués pour la mesure des paramètres caractéristiques de la batterie sont les suivants : processus de charge, processus de décharge, détermination des densités et de l'état de charge dans les processus, mesure de la résistance interne.

A partir des données expérimentales acquises et enregistrées, différentes courbes caractéristiques sur ces différents types de batteries ont été établies et tracées.

Le comportement du système de stockage électrique, intégré dans un système photovoltaïque, est également étudié. Des courbes représentants le fonctionnement en mode de cyclage de ce système de stockage (cycle charge/décharge) sont alors présentés. En effet, des essais ont été effectués respectivement sur un type de batterie de faible capacité (100 Ah) et sur un élément de batterie de capacité plus élevée (800 Ah).

4.2. Procédure de mesures

L'étude de la caractérisation de diverses batteries au plomb acide est l'un des premiers travaux expérimentaux a être effectué dans cette thèse.

4.2.1. Description du banc d'essaie

Pour la réalisation de ce travail, il a été conçu, en premier lieu, un banc d'essai test de charge et décharge des batteries dans le Laboratoire d'Energie Solaire Photovoltaïque du Centre de Recherche et Développement des Energies Renouvelables (CDER).

Le schéma qui caractérise les composants du dispositif expérimental est donné par la figure 4.1.

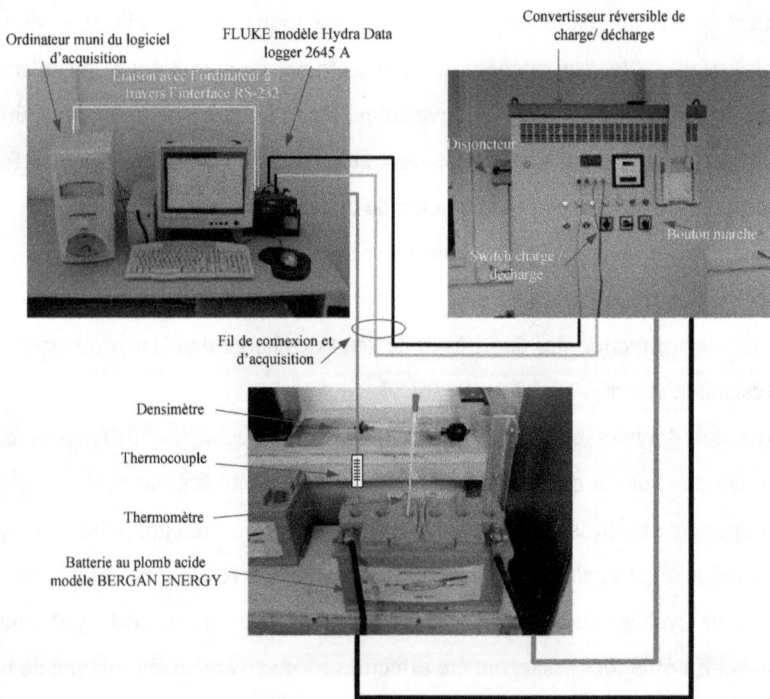

Figure 4.1 : Schéma des composants du dispositif expérimental

- **Convertisseur réversible de charge/ décharge, Modèle DNG 2 – 72/5 tu spez « BENNING ».**

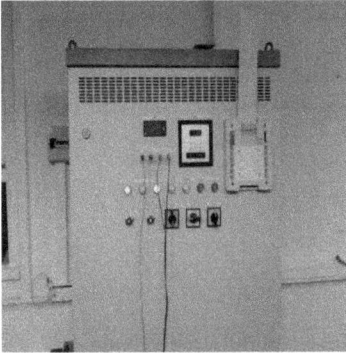

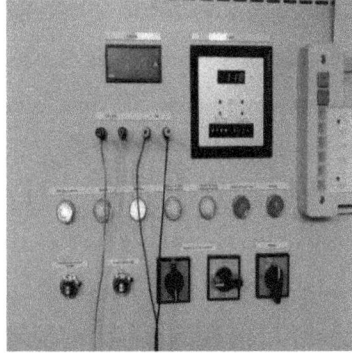

Figure 4.1.a : Photos du convertisseur réversible de charge/ décharge

- Une voie de mesure
- Type de batterie à conditionner : Plomb-CdNi
- Affichage tension/ courant.

Le contrôle parfait d'une batterie nécessite l'exécution de tests de capacité. L'utilisation d'un convertisseur réversible de chargeur /déchargeur alimenté par le réseau conventionnel permet d'en effectuer plusieurs types de régimes de charges et / ou de décharges, contrôlés soit par un courant ou soit par une tension, et où les valeurs des paramètres externes de la batterie sont enregistrées et mesurées sur des intervalles de temps adaptées (secondes, minutes ou heures).

L'équipement sélectionné est un Digatron UBT 6-50 modules individuels composés de contrôle automatique qui autorise à mesurer un seul type de batterie par manipulation. Les limites minimales et maximales admissibles fonctionnelles de cet équipement sont les suivantes : courant de 1 ampère jusqu'à 150 ampères et tension de 2 volts jusqu'à 72 volts.

Les manipulations répétitives de ces expérimentations sont alors stockées en mémoire sur un ordinateur, et où il est possible de combiner l'ensemble des processus : charges, décharges, mode de cyclages et mode de pauses. La limitation des tensions de fin de charge ou de fin de décharge peut être également spécifiée. Les données de la tension moyenne en fonction d'un pas de temps programmé, de la température ambiante et celle de l'électrolyte, sont aussi enregistrées.

De ces données enregistrées, la détermination de la capacité, en ampères-heures consommés et/ou restitués, ainsi que l'énergie, en wattheures, peut être effectuée et déterminée.

- **Acquisition de données, FLUKE modèle Hydra Data logger 2645 A, 21 canaux.**

La caractéristique électrique d'une batterie se fait en effectuant des cycles de charge /décharge. Les données sont enregistrées dans une acquisition qui est caractérisée par 21 voies de mesures : 8 chiffres en entrée/sortie, un totalisateur d'entrée et de 4 alarmes de sortie. C'est un système d'acquisition de données, pouvant mesurer des tensions et des courants continues AC et discontinues DC, des températures à partir de capteurs thermocouples, des résistances, ainsi que des fréquences. Elle est facilement programmable. Cette acquisition peut ainsi être connectée aisément à un micro ordinateur PC à travers l'interface RS-232. Les données sont stockées dans l'ordinateur, et grâce à des logiciels appropriés, on pourra tracer les différentes courbes et les comparer à celles données par le constructeur.

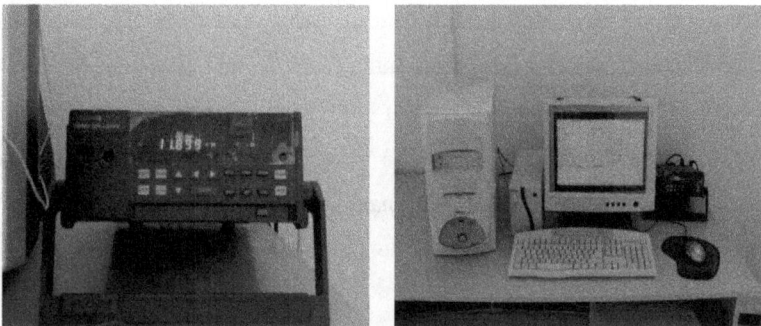

Figure 4.1.b : Photos de l'acquisition de donnée connectée à un PC

- Connecteur DB 9 mâle sur le panneau arrière de l'appareil
- Liaison avec l'ordinateur à travers l'interface RS-232

- Mesure de : Tension, résistance, température et fréquence
- Mesures peuvent être signalées, affichées et imprimées.

- **Batterie au plomb-acide, modèles : Bergan Energy, Varta Solar, Fulmen et ENPEC.**

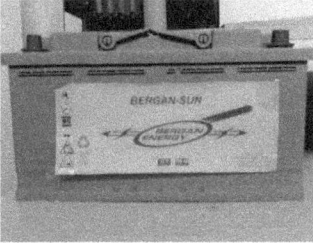

Figure 4.1.c : Photos des différentes batteries testées

• **Le densimètre**

La densité de l'électrolyte est mesurée à l'aide d'un densimètre spécial. Ce densimètre est subdivisions en 0.005 g/cm^3. La température de référence de l'électrolyte est de 20 °C, et elle est prise à l'aide d'un thermomètre à mercure. La gamme de mesure de la densité est d'environ de 1.08 à 1.3 g/cm^3. A l'aide de la mesure de la densité on évaluera l'état de charge de la batterie.

Figure 4.1.d : Photo de la mesure de la densité à l'aide d'un densimètre

• Deux thermomètres pour relever la température de l'électrolyte ainsi que la température ambiante.

4.2.2. Mesures et conditions opérationnelles

Dans le but de connaitre le comportement de la batterie durant un cycle de charge /décharge, et de déterminer ses paramètres, six types de batteries au plomb acide de diverses technologies et de divers constructeurs ont été choisis et testés à savoir B1 à B7.

⚓ Batterie monobloc	Varta Solar (12 V - 100 Ah)	**B1**
⚓ Batterie monobloc	ENPEC (6 V - 160 Ah)	**B2**
⚓ Batterie monobloc	ENPEC (12 V - 80 Ah)	**B3**
⚓ Elément Batterie	Fulmen TXE (2 V - 220 Ah)	**B4**
⚓ Elément Batterie	Tudor STTH (2 V - 180 Ah)	**B5**
⚓ Elément Batterie	Bergan Energy (12 V - 100 Ah)	**B6**
⚓ Elément Batterie	Fulmen TXE (2 V - 800 Ah)	**B7**

Ces batteries sont utilisées dans les systèmes photovoltaïques sauf que la B6 est une batterie semi stationnaire toute nouvelle d'un constructeur privé algérien.

Les batteries B1 et B6 sont des C_{100}, les autres batteries sont des C_{10}.

La dernière batterie B7 a été utilisée pour le système photovoltaïque de Matriouane.

Ces batteries ont été acquises, chargées sèches, sans électrolyte. Elles sont livrées avec leur électrolyte de remplissage (densité = 1.24 g/cm^3, de qualité marine, selon la norme NFT23001), et de l'eau distillée normalisée.

Les batteries sont remplies au laboratoire jusqu'au niveau convenable. Avant d'entamer tout cycle de charge ou de décharge, les batteries sont alors chargées pour en homogénéiser l'électrolyte et ont subi quelques cycles de conditionnement (cycles de charges et décharges), fin de garantir par la suite la stabilisation des conditions internes de la batterie et d'arriver ainsi à la capacité nominale donnée et spécifiée par le fournisseur. Les essais et mesures réalisées sont en fonction des différentes conditions opératoires des batteries, à savoir : des régimes de charge différents et des régimes de décharge différents, à la température ambiante, sont donnés ci-après :

1. Phases de décharge à des courants différents, et on détermine ainsi par mesure la capacité de la batterie.

2. Phases de charge à des courants différents pour les diverses batteries à caractériser, en allant jusqu'au processus de surcharge. La tension de dégagement gazeux et la tension de fin de charge sont dans ce cas déterminées.

3. Variation de la résistance interne R de la batterie au cours des processus de charge et des processus de décharge, tout en tenant de l'influence du courant.

4. Phases de cyclage - cycles de charges et décharges sur deux types de batteries (cyclage).

Avant, pendant et après chaque essai de test, on détermine la température et la densité de l'électrolyte, la température ambiante de la salle. Il est déterminé également la tension réelle dans le mode fonctionnel et la tension de circuit-ouvert pour chaque type de batterie.

Tableau 4.1 : Régime de charge des différents types de batterie, exprimé en ampère

B1	B2	B3	B4	B5	B6
$I(C_5) = 20$	$I(C_{20}) = 8$	$I(C_{10}) = 8$	$I(C_5) = 44$	$I(C_{7.5}) = 24$	$I(C_{10}) = 10$
$I(C_{10}) = 10$	$I(C_{40}) = 4$	$I(C_{20}) = 4$	$I(C_{10}) = 22$	$I(C_{10}) = 18$	$I(C_{20}) = 5$
$I(C_{20}) = 5$			$I(C_{55}) = 4$	$I(C_{18}) = 10$	$I(C_{70}) = 1.4$
$I(C_{70}) = 1.4$				$I(C_{36}) = 5$	

Tableau 4.2 : Régimes de décharge des différents types de batterie, exprimé en ampère

B1	B2	B3	B4	B5	B6
$I(C_5) = 20$	$I(C_{10}) = 16$	$I(C_{10}) = 8$	$I(C_5) = 44$	$I(C_{7.5}) = 24$	$I(C_{10}) = 10$
$I(C_{10}) = 10$	$I(C_{20}) = 8$	$I(C_{20}) = 4$	$I(C_{10}) = 22$	$I(C_{10}) = 18$	$I(C_{20}) = 5$
$I(C_{20}) = 5$	$I(C_{40}) = 4$	$I(C_{40}) = 2$	$I(C_{55}) = 4$	$I(C_{18}) = 10$	$I(C_{70}) = 1.4$
$I(C_{70}) = 1.4$	$I(C_{80}) = 2$			$I(C_{36}) = 5$	

Les essais de charge et de décharge ont été effectués pour des régimes différents, en fonction du type de batterie. Les valeurs des régimes de charge sont généralement prises en étroite relation avec les batteries utilisées dans les systèmes photovoltaïques. Sur le tableau suivant, les valeurs de ces régimes, qui sont en liaison avec des capacités données à la batterie en fonction du temps, sont représentées.

4.2.3. Mesure de la charge et de la décharge

Avant de commencer l'essai de décharge des batteries, il faut que les batteries soient emmenés à charge pleine suivant les deux régimes de charge et de surcharge en garantissant une densité d'électrolyte de 1.23 g/cm^3 à 25 °C.

Pour le test de charge, il faut charger la batterie jusqu'à la remontée complète de la densité pour tous les éléments sans exception à la densité nominale donnée par le constructeur (1.23 g/cm^3 à 25°C). Si l'électrolyte diminue durant la charge on rétablit le niveau prescrit en ajoutant de l'eau distillée.

Pour le test de décharge, il faut que la batterie soit complètement chargée, le niveau d'électrolyte de chaque élément et la densité sont contrôlés et s'il y a lieux réglés. Cette décharge est poursuivie jusqu'à ce que la tension aux bornes d'un élément ait atteint les tensions de fin de décharge données par les constructeurs, la densité ne doit cependant en aucun cas tomber en dessous de 1.10 g/cm^3 à 20 °C.

Pendant le processus de charge à courant et températures constantes, la fin de charge est contrôlée par les mesures de densité, température et la tension qui devraient rester sans variations au moins dans trois mesures consécutives aux intervalles de temps prédéterminés, et sans dégagement gazeux excessif aux températures élevées.

Entre les processus de charge et décharge, il faut laisser la batterie au repos au moins 4 heures jusqu'à la stabilisation des conditions internes de la batterie, à savoir la densité de l'électrolyte, la tension de circuit ouvert. Les fournisseurs proposent une période de repos maximale de 24 heures.

Avant de commencer les tests :

Je spécifie sur l'appareil d'acquisition (FLUKE modèle Hydra Data logger 2645 A, 21 canaux) les 3 canaux à utiliser pour l'acquisition de la tension, du courant et de la température ambiante.

- Je règle la date et l'heure ainsi que l'intervalle de temps des acquisitions.
- Ensuite, sur l'ordinateur, j'exécute le logiciel et je donne un nom au fichier dans lequel je sauvegarde mes données.
- Je note la tension en circuit ouvert, la densité et la température de l'électrolyte ainsi que la température ambiante.
- Je mets le chargeur sous tension par un disjoncteur extérieur, puis par le bouton de mise sous tension du réseau, ensuite j'entame la charge/ ou décharge par le Switch charge ou décharge.

Pendant la charge (ou la décharge), on effectue le relevé de la densité et la température de l'électrolyte, ainsi que la température ambiante à chaque une demi heure. L'intervalle de temps des acquisitions est réglé à 5 mn pendant les premiers tests. Et après avoir constaté que durant la surcharge, l'évolution de la tension passe rapidement d'une valeur inferieur à une valeur élevée, nous avons réduit cet intervalle à 1 mn pour avoir plus de point dans cette zone de fonctionnement qui est très importante. Nous avons réglé le chargeur de façon est ce qu'il coupe automatiquement dès que la tension de charge de la batterie dépasse 15.4 V et aussi quand la tension de décharge est inferieur à 10.8 V.

4.2.4. Mesure de la résistance interne

Le terme R de l'équation de base décrivant la relation entre la tension de la batterie pendant la charge et la décharge et le courant représente la résistance interne totale, considérée comme la somme de deux composants :

- ohmique (résistance des conducteurs : grilles, les électrodes, matière active et l'électrolyte dans les séparateur et dans les pores des plaques)
- de polarisation (due au transfert de la charge et au processus de diffusion).

Les mesures de la résistance ont été données pour le régime I(C10) à la température ambiante de la salle pour un seul type de batterie B4. Il a été considéré que le comportement de la batterie et comme étant une succession d'états stationnaires, en négligeant l'effet des transitoires. Aussi, la valeur de R a été analysée comme une résistance totale, les différents composants de la résistance totale de la batterie n'ont pas été identifiés.

Les procédures mesurant la résistance aux différents états de la charge sont données ci après :

• **Réponse dans les périodes de repos**

Dans les périodes au repos, il a été observé une durée maximale de stabilisation de 30 minutes. Ce temps autorise la stabilisation des conditions internes de la batterie, avec une erreur qui est autour de 1 % sur la valeur de la tension.

La figure 4.2 représente la variation de la tension avec le temps de pause et avec le courant après le processus de décharge et de charge.

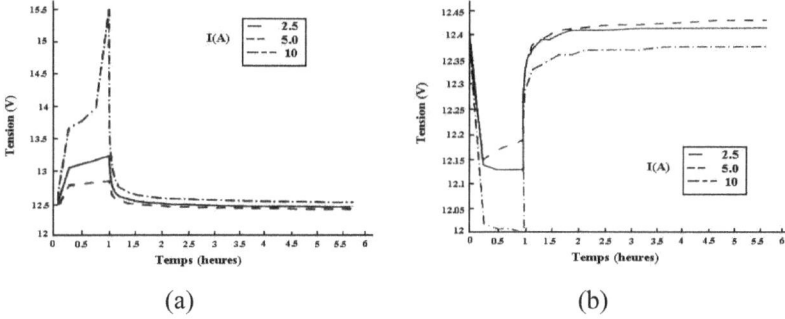

(a)   (b)

Figure 4.2 : Temps de stabilisation de la tension de circuit-ouvert d'une batterie après être passée de la charge (a) au repos et la décharge (b) au repos

On remarque que le début de la phase de repos de la batterie vient après une heure environ. Ainsi, on enregistre les trois résistances, comme mentionnées sur les relations suivantes, et en relation avec la figure 4.3.

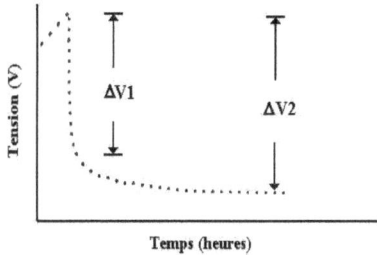

Figure 4.3 : Procédure des périodes de repos pour la mesure des résistances R2a, R2b et R2

$$R_{2a} = \frac{\Delta V_1}{\Delta I} \tag{4.1}$$

$$R_{2b} = \frac{\Delta V_2 - \Delta V_1}{\Delta I} \tag{4.2}$$

$$R_2 = \frac{\Delta V_2}{\Delta I} \tag{4.3}$$

où R2, R2a les valeurs des résistances de la batterie avant et après l'interruption du courant respectivement, R2b est la valeur de la résistance après 30 minutes de repos de la batterie.

• **Réponses aux mesures avec un multimètre**

Pendant les périodes de repos de la batterie, et lorsque la batterie est en circuit-ouvert, on mesure directement la résistance Rm à l'aide d'un contrôleur universel, et cela en fonction de l'état de charge. Il est démontré que les valeurs de la résistance mesurées avec ce contrôleur universel Rm ne varient pratiquement pas [83, 84]. Les valeurs déterminées de cette résistance sont même plus petites que celles obtenues lorsque la batterie est au repos. Cette remarque veut probablement dire que la résistance Rm est une résistance spécifiquement due au matériau constituants la batterie (grilles, électrodes, séparateurs).

Les tests de cyclage sont entrepris sur la batterie B1, faisant partie d'un système photovoltaïque de faible puissance. Ces tests ont été menés sur une période de trois jours.

4.3. Les résultats expérimentaux

A partir des données expérimentales enregistrées pour chacune des batteries, on trace lesdifférentes caractéristiques des différents types de batteries choisies à la température de 25 °C. Les résultats obtenus de la densité, des tensions et de la capacité sont corrigés à la température de 25 °C à l'aide des formules des équations (4.4), (4.5) et (4.6) respectivement [191-193].

$$d_{25} = d + 0.0007\,(T - 25) \tag{4.4}$$

d25 : densité de l'électrolyte à 25 °C; d : densité de l'électrolyte à une température T

$$V = V_{25} - 0.005\,(T - 25) \tag{4.5}$$

V_{25} la tension de la batterie à 25 °C et V la tension de la batterie à la température T

$$C_{25} = \frac{C}{1 + 0.003(T - 25)} \tag{4.6}$$

C_{25} la capacité de la batterie à 25 °C et C la capacité de la batterie à la température T

Ainsi l'analyse des résultats nous autorise à comprendre le comportement d'une batterie en général.

4.3.1 Processus de la décharge et de la charge

Les résultats obtenus lors des essais expérimentaux effectués sur les différents types de batteries sont représentés par les figures ci dessous. L'évolution de la tension en fonction du temps pendant le processus de décharge à différents régimes à 25°C et pour des tensions de fin de décharges déjà prédéfini est représentée par les figures 4.4 et 4.5 pour B1 et B6 respectivement.

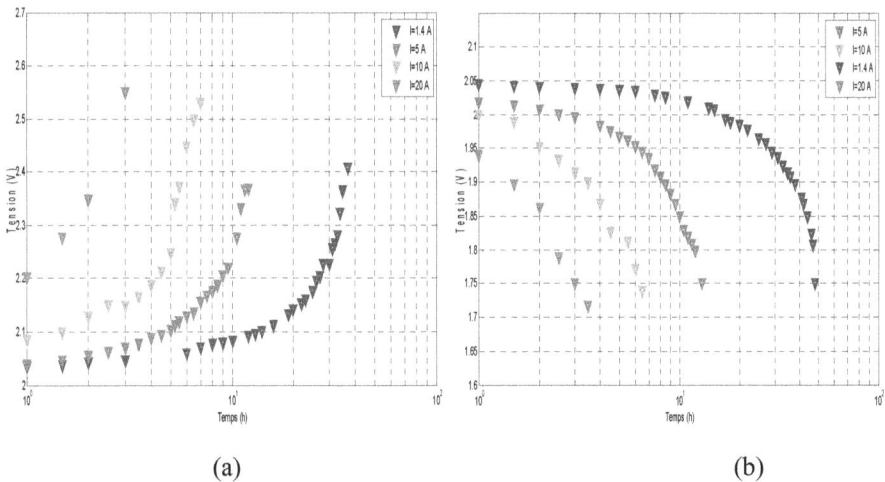

(a)   (b)

Figure 4.4 Caractéristique de charge (a) et décharge (b) d'un élément de la batterie B1 à 25°C

Durant la décharge, les courbes ont même allure quelque soit le temps de décharge. La quantité de sulfate formé (donc des Ah débités) est variable suivant le régime de décharge.

151

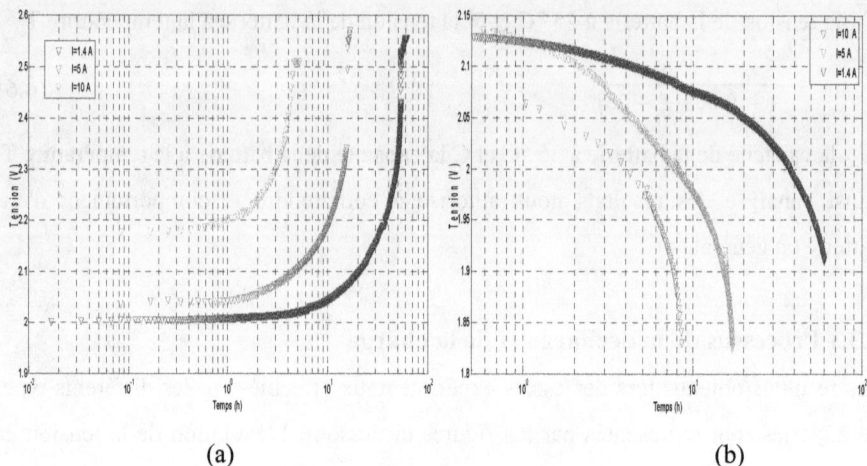

(a)   (b)

Figure 4.5 Caractéristique de charge (a) et décharge (b) d'un élément de la batterie
B6 à 25°C

Tableau 4.3 : Capacité utile calculée C (Ah) en fonction du courant I (A) pour les
différentes types de batteries à T = 25 °C

	B1	B2	B3	B4	B5	B6
I (A)	20 10 5 1.4	16 8 4 2	8 4 2	44 22 4	24 18 10 5	10 5 1.4
C (Ah) Calculée	60 64 65 67.2	80 104 124 155	46.4 60 72	88 202.4 308	156 184.5 230.8 262.1	90 52.5 84

Il est observé avec clarté que les décharges évoluent au début du processus
linéairement puis change d'allure à la fin de la décharge. D'après les courbes
expérimentales, on remarque que durant la charge, la tension de la batterie remonte

152

d'abord presque linéairement et ensuite rapidement pour se stabiliser à la valeur maximale qui correspond à la charge complète. Le dégagement gazeux commence dès le début de la montée rapide de la tension. La distinction entre la charge et la surcharge est examinée au changement de l'allure de la courbe. Les perturbations observées sur les figures 4.5 sont dues à l'interruption et la reprise de la charge ou la décharge. Ces perturbations n'appariaient pas sur les courbes de la batterie B1, car il n'y a pas eu d'interruption.

Tableau 4.4 : Tensions du dégagement gazeux V_g et de fin de charge V_{fc} en fonction du courant I (A) pour les divers types de batterie expérimentés à T = 25°C

	I(A)	t_g (h)	V_g (V/élt)	t_{fc} (h)	V_{fc} (V/élt)
B1	20	2.222	2.341	4	2.606
	10	5.179	2.187	10	2.567
	5	9.540	2.135	18.42	2.477
	1.4	28.12	2.103	49.42	2.425
B2	8	7.708	2.18	15.23	2.47
	4	30.687	2.12	40	2.42
B3	8	6.57	2.228	9.05	2.534
	4	11.05	2.164	17.87	2.393
B4	44	1.676	2.55	2	2.75
	22	6.25	2.29	8.68	2.52
	4	47.148	2.055	95.4	2.47
B5	24	6	2.3	10.98	2.666
	18	7	2.255	12.65	2.633
	10	18.42	2.155	30	2.589
	5	33.93	2.122	70	2.489

A partir des courbes de décharge tracées à la température de 25 °C, on a calculé les capacités des différents types de batteries testées à différents régimes de décharge et

153

pour des tensions de fin de décharge de 1.75 V/élt pour B1, 1.9 V/élt pour B2, B3 et B6, et 1.8V/élt pour B4 et B5 (tableau 4.3).

Bien que dans tout les cas il est nécessaire d'exécuter des essais spécifiés pour caractériser le rendement faradique d'une batterie, quelques points des courbes de la charge et de la décharge peuvent être utilisés afin de permettre l'évaluation de sa variation avec l'état de la charge et le courant.

4.3.2 Etat de charge

Pendant la charge et la décharge de la batterie, ainsi que pendant les périodes de repos, on relève la valeur de la densité d, de la température T, la tension de la batterie V, ainsi que la tension de circuit-ouvert V_{oc}, avec le but de vérifier si la tension de circuit-ouvert et la densité de l'électrolyte pouvaient être une méthode précise de la poursuite de l'état de la charge, principalement dans le processus de la décharge.

La variation de la tension en fonctionnement de la batterie en fonction de l'état de charge ainsi que la profondeur de décharge pour les deux régimes $I(C_{10})$ et $I(C_{20})$ à 25°C de la batterie B1 est représentée sur la figure 4.6.

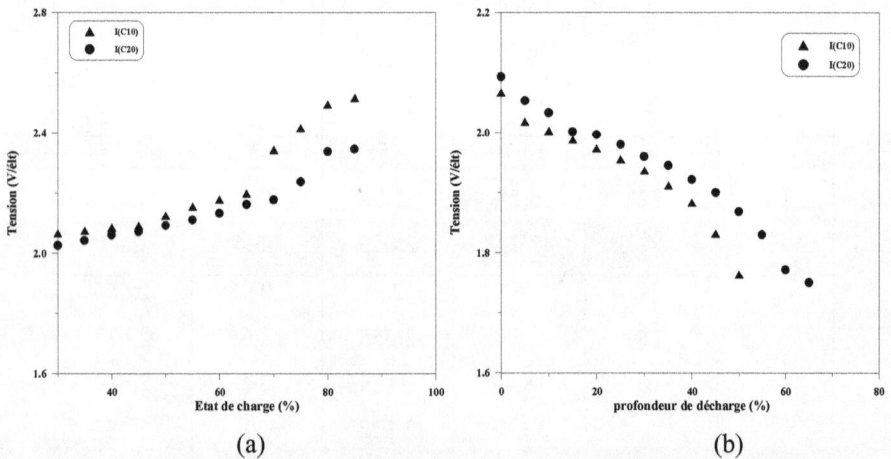

(a)   (b)

Figure 4.6 : Etat de charge (a) et profondeur de décharge (b) de la batterie B1 à T = 25 °C

La variation de la densité de l'électrolyte en fonction de la tension en fonctionnement de la même batterie à différents régimes est donnée par la figure 4.7.

On remarque que la densité se modifie en fonction du régime de charge et de la tension, sa valeur augmente pendant la charge et diminue pendant la décharge.

La courbe de la figure 4.8 représente les résultats représentatifs de la variation de la tension de circuit ouvert en fonction de la densité de l'électrolyte.

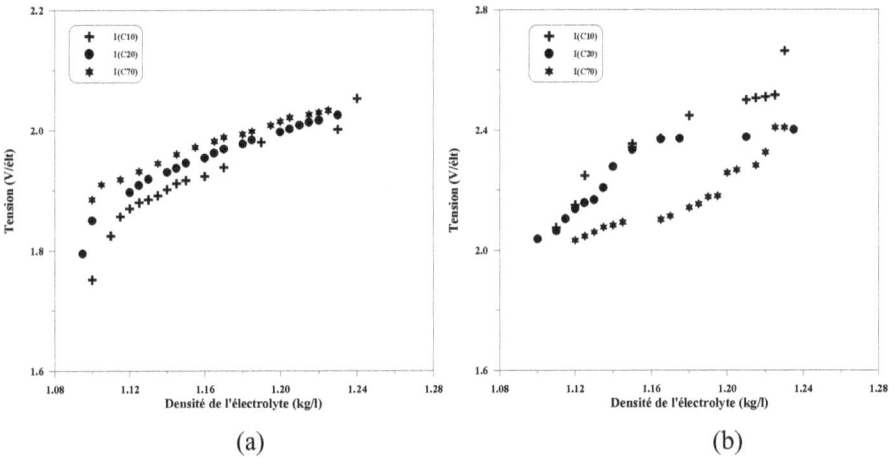

(a)   (b)

Figure 4.7 : Densité de l'électrolyte au cours de la décharge (a) et de la charge (b) de B1 à T = 25 °C

Une baisse linéaire de la densité de l'électrolyte avec la tension de circuit ouvert et observée.

L'approximation linéaire des points expérimentaux a donnée pour le type de batterie B1 l'expression de l'équation 4.7.

$$V_{oc} = 1.26433 \times d + 0.545978 \tag{4.7}$$

Vu que les batteries sont neuves, et par conséquent, elles ne présentent pas de signe de dégradation, ni stratification, il est constaté de ces résultats que toute l'énergie est accumulée dans la batterie.

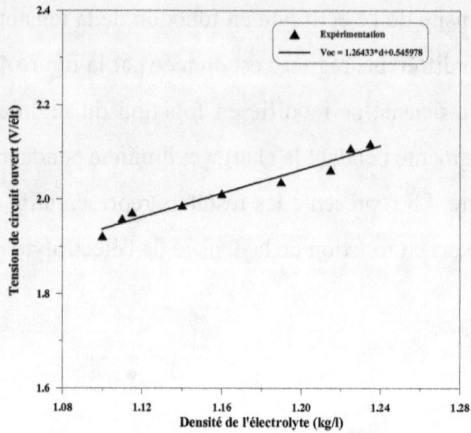

Figure 4.8 : Tension de circuit-ouvert en fonction de la densité
de l'électrolyte de B1 à T=25°C

Néanmoins, l'augmentation de la densité de l'électrolyte mesurée dans la recharge n'est pas linéaire avec l'état de la charge, sans aucun doute, parce que la concentration de l'acide va être déplacée à la partie inférieure du bac uniquement à la fin de la charge (stratification). La densité qui correspond à la charge complète de la batterie est atteinte, quand il y a un dégagement gazeux fort homogénéisant ainsi l'électrolyte.

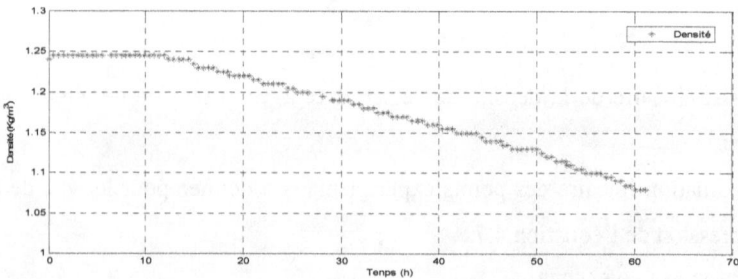

Figure 4.9 : Evolution de la densité de B6 pour une décharge à I=5 A

La figure 4.9 montre l'évolution de la densité de la batterie B6. Elle augmente avec l'augmentation de la tension et une charge élevée correspond à une densité élevée ainsi qu'à une tension en circuit ouvert élevée.

156

5.3.3 La résistance interne

La mesure de la résistance interne par la méthode de la réponse dans les périodes de pause est donnée pour la charge et la décharge de la batterie B4 pour le régime de I (C_{10}) et une température de 25 °C.

Le calcul de l'état de charge (SOC) pour la charge et la décharge de la batterie a été réalisé à partir des valeurs déterminées de la densité de l'électrolyte par l'utilisation de l'expression suivante donnée par le constructeur :

$$1 - SOC = DOD = -615.385 \times d + 7775.385 \qquad (4.8)$$

La résistance peut continuer à tomber pendant un temps après que la batterie ait été déconnectée de la charge, due au processus d'égalisation graduelle de la concentration de l'acide et à la dissipation des gaz dégagés pendant la surcharge dans la matière active.

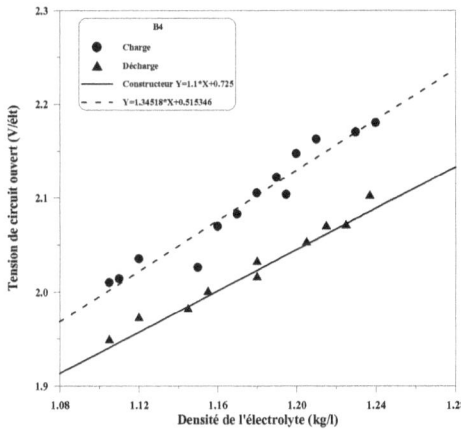

Figure 4.10 : Tension de circuit-ouvert de la batterie B4 après 30 mn de repos pour le régime I (C_{10})

La figure 4.11 représente l'évolution de la résistance interne R2 en fonction de l'état de charge à 25 °C et pour le régime de charge nominal I (C_{10}).

Il a été remarqué qu'il n'y a pas de dépendance entre le régime et la résistance, ce qui est déjà observé par plusieurs auteurs comme Copetti pour les processus les plus rapides. Cependant, pour les processus les plus lents, une augmentation de la

157

résistance est observée. Durant le processus de charge, la résistance augmente avec l'état de charge rapidement que dans le processus de décharge, cela est due aux réactions irréversibles provenues de la formation de gaz dans le processus de surcharge.

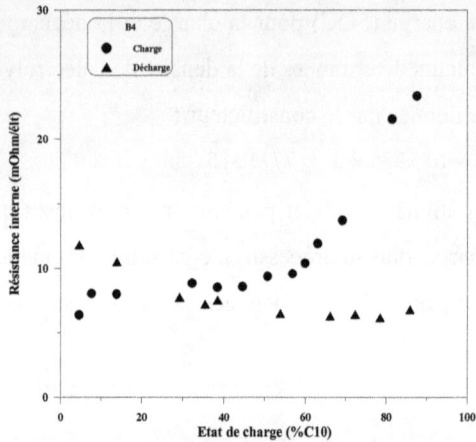

Figure 4.11 : Résistance interne en fonction de l'état de charge de la batterie B4 pour I (C_{10}) à T = 25 °C

4.3.4 Evolution de la tension pendant le cyclage dans un système photovoltaïque

Une étude de simulation a été faite moyennant le modèle de copetti d'une batterie au plomb, dans deux systèmes PV différents.

Le premier système est une petite installation PV située au site de Bouzaréah- Algérie constituée d'un panneau solaire monocristallin de tension 12 V et de puissance 120 Wc, d'une batterie stationnaire au plomb acide type Varta Solar 100Ah-12V et une charge qui est une lampe.

La figure 4.12 représente l'évolution de la tension de la batterie B1 mesurée pendant les trois jours de cyclage. Au début du cyclage, la batterie était complètement chargée et après trois jours d'opération, elle est à demie chargée, parce que les charges programmées n'étaient pas assez pour retrouver la totalité d'énergie extraite de la batterie pendant les décharges.

Le deuxième système est la centrale de Matriouane constituée de 120 modules monocristallins de puissance 5 kWc, de batteries stationnaires au plomb acide type Tudor 800Ah-2V, d'un convertisseur 6 kVA (DC 110V, AC 230V), la consommation est un village de 12 logements.

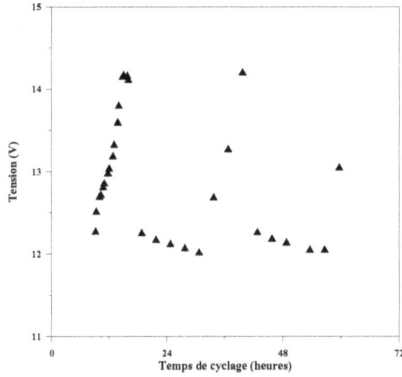

Figure 4.12 : Evolution de la tension de cyclage pendant trois jours en fonction du temps dans un système PV de la batterie B1à température ambiante variable

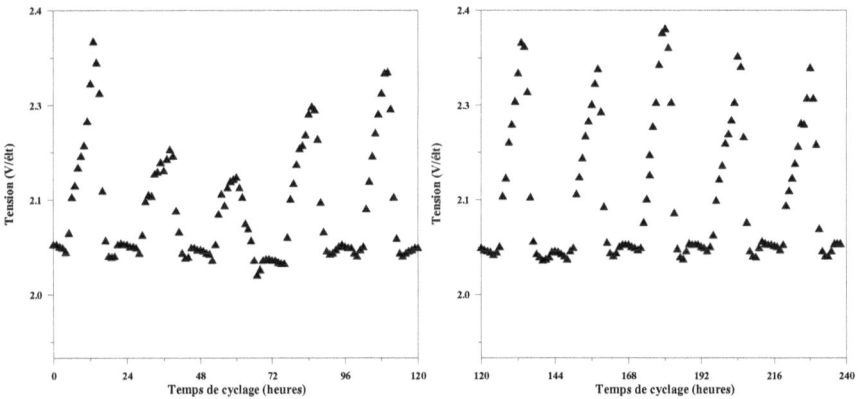

Figure 4.13 : Evolution de la tension de cyclage pendant dix jours en fonction du temps dans un système PV de la battrie B7 à température ambiante variable

La figure 4.13 représente l'évolution de la tension de la batterie B7 mesurée pendant les 10 jours de cyclage.

4.5 Conclusion

Dans ce chapitre une étude expérimentale de caractérisation des divers types de batterie a été faite. A partir des courbes de caractérisation les différents paramètres ont été identifiés.

L'utilisation de l'équation du processus de charge dans le modèle de Shepherd d'une batterie a été effectuée pour les différents types de batteries. Elle est applicable seulement que pour les deux types à savoir B1 et B3. Pour les autres types, des valeurs relatives au paramètre Kc sont négatives et par conséquent les tensions décroissent en fonction du temps.

Cette étude expérimentale a été valorisée par les documents suivants [9, 12] et [191-193].

CHAPITRE 5

Etude de simulation de la batterie au plomb dans un système photovoltaïque

5.1. Introduction

Afin d'entamer l'étude de simulation du processus de la charge et de la décharge de la batterie plomb acide, une étude comparative entre les résultats issus de l'expérimentation et ceux obtenus par le calcul sur certains types de batteries choisies est réalisée.

A partir des résultats expérimentaux obtenus au chapitre précédent, la méthode adoptée consiste d'abord à la vérification de la capacité C calculée de la batterie et déterminée par les trois modèles choisis, Shepherd, Macomber et Copetti, qui traduisent le comportement des batteries dans des conditions réelles afin de mieux représenter les processus de charge et de décharge en adéquation avec des conditions variables de fonctionnement, et d'en faire ainsi le choix d'un modèle plus général et plus complet, suffisamment précis pour l'utiliser dans la simulation des systèmes photovoltaïques.

Le comportement d'un système photovoltaïque, étudié au moyen de simulateurs électroniques, tel que Pspice, ou bien Simulink, nécessite la connaissance des modèles architecturés, autour des circuits électriques équivalents, des principaux éléments composant ce système, à savoir : le modèle du générateur photovoltaïque, le modèle de l'élément du stockage (batteries), etc. La détermination des principales caractéristiques électriques connues de ces modèles reste un facteur clé dans l'analyse d'une simulation. Vu que les caractéristiques mesurées de la batterie sont des mesures électriques (tension, courant), la simulation des différents modèles à l'aide de ces deux logiciels de simulation électronique Pspice [194] et Simulink est réalisée.

L'étude de simulation, que nous avons réalisée, par ces deux logiciels est d'utiliser l'approche dite de la 'Modélisation Analogique Comportementale -A.B.M.' du logiciel

Pspice pour la résolution des équations non linéaires à plusieurs variables des divers modèles étudiés. L'implémentation de ces modèles est présentée, après avoir fait la validation de ces derniers en effectuant le calcul des erreurs entre les données expérimentales sur les batteries choisies à celles des données calculées.

Le modèle, dont l'erreur est la plus faible, est choisi pour effectuer l'étude de la simulation de la batterie intégrée dans un système photovoltaïque.

5.2. Etude de simulation

5.2.1. Objectif

L'objectif de nos travaux consiste en la simulation sous Pspice et Simulink du comportement électrochimique d'une batterie plomb acide donné par des modèles mathématiques très complexes, qui décrivent l'évolution de la tension aux bornes d'une batterie en fonction de son état de charge, de son régime et de la température.

Le simulateur Pspice est utilisé dans ce travail comme un langage de programmation pour résoudre des problèmes mathématiques généraux en les traduisant à un circuit électrique avec courant contrôlé et sources de tension en utilisant la technique dite de la modélisation comportementale analogique (ABM).

Le simulateur Simulink utilise la programmation Matlab pour résoudre les équations des modèles.

5.2.2. Outil de simulation

Les outils utilisés dans l'étude de simulation des différentes batteries sont :

a) *Le logiciel Pspice* : c'est un simulateur électronique de la famille Spice le plus répandu. Ce logiciel général est structuré en plusieurs programmes. Pour simuler le fonctionnement de la batterie, l'approche à la Modélisation Comportementale Analogique (Analog Behaviour Modeleing -A.B.M.) est utilisée. En pratique, cette approche consiste à remplacer un type de circuit, que l'on ne connaît pas par une boîte noire. Celle-ci est en fait un générateur de tension ou de courant contrôlé obéissant à une loi de variation précise.

L'A.B.M. résout donc les équations des dispositifs électroniques linéaires et non linéaires, les systèmes d'équations algébriques linéaires et non linéaires et les systèmes complexes d'équations différentielles transcendantes et ordinaires dans leurs formes implicites et explicites. Les modèles mathématiques consistent généralement en la mise en équations algébriques et différentielles non homogènes à coefficient variables, permettant de décrire le comportement statique et dynamique d'un composant. Il est beaucoup plus souple de programmer sous le logiciel Pspice en utilisant la Modélisation Comportementale Analogique A.B.M et de résoudre ainsi les problèmes mathématiques que d'utiliser la programmation classique : Pascal, Fortran ou C.

b) Simulink et programmation Matlab : le simulink est une plate forme de simulation multi-domaine et de modélisation de systèmes dynamiques. Il fournit un environnement graphique et un ensemble de bibliothèques contenant des blocs de modélisation qui permettent le design précis, la simulation, l'implémentation et le contrôle de systèmes de communications et de traitement du signal. Simulink est intégré à Matlab, fournissant ainsi un accès immédiat aux nombreux outils de développement algorithmique, de visualisation et d'analyse de données de Matlab.

5.3. Résultats et discussions

5.3.1. Implémentation des modèles d'étude

Pour la mise en œuvre des divers modèles de la batterie, chacun des modèles est considéré comme une boîte noire, illustrée par la figure 5.1.

Le principe de la mise en œuvre est de trouver une solution à ces équations mathématiques en relation avec les modèles de la batterie pour en déterminer la tension aux bornes de la batterie pendant les processus de charge et de décharge.

5.3.1.1 Implémentation des modèles d'étude sous Pspice

Les modèles de la batterie dans Pspice sont convertis dans différents blocs. Chaque bloc représente une grandeur ou paramètre qui peuvent intervenir sur le comportement dynamique de la batterie comme : SOC, V, Voc, pour les deux processus de charge et de décharge de la batterie au plomb.

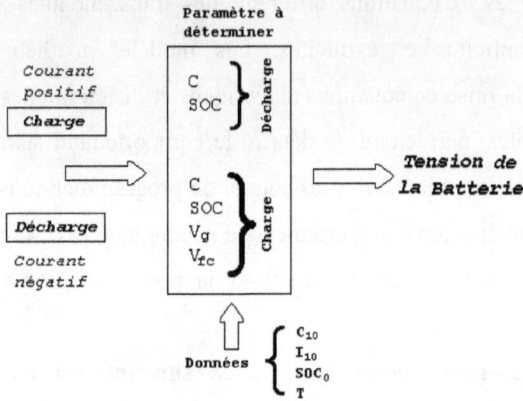

Figure 5.1 : Schéma synoptique du modèle de la batterie

• *Modèle de la batterie pour le régime de décharge*

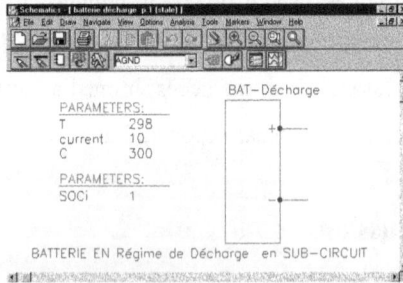

Figure 5.2 : Modèle de la batterie en régime de décharge sous Pspice

Les interfaces + et - donnent les sorties du modèle de la batterie pendant le régime de décharge.

Le modèle de la décharge de la batterie est représenté par deux principaux blocs : le premier bloc calcule l'état de charge de la batterie, SOC, tandis que le second bloc détermine la tension de décharge, Vd.   On peut même déterminer la tension de circuit-ouvert Voc et la capacité C de la batterie par calcul.

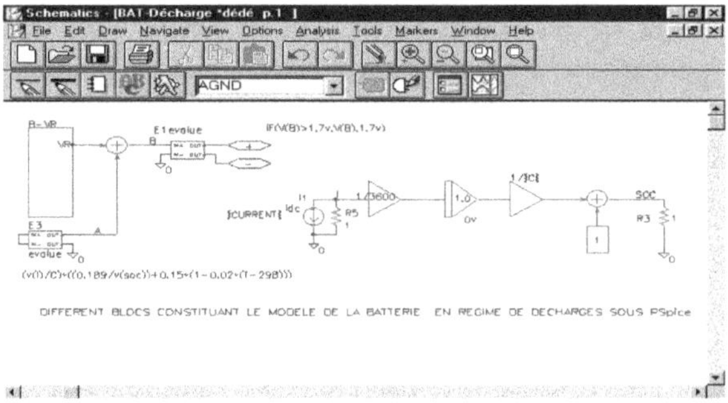

Figure 5.3 : Blocs et circuit constituant la batterie en régime de décharge sous Pspice

• *Modèle de la batterie pour le régime de charge*

Le modèle de la charge de la batterie est représenté par trois blocs, qui calculent l'ensemble des paramètres de la batterie, à savoir : l'état de charge de la batterie SOC, la tension de charge Vc avant le dégagement gazeux Vg, la tension de surcharge Vsurc avant la fin de charge Vfc.   La tension de circuit-ouvert Voc, la capacité C de la batterie et la valeur du rendement de charge ηc peuvent également être déterminées.

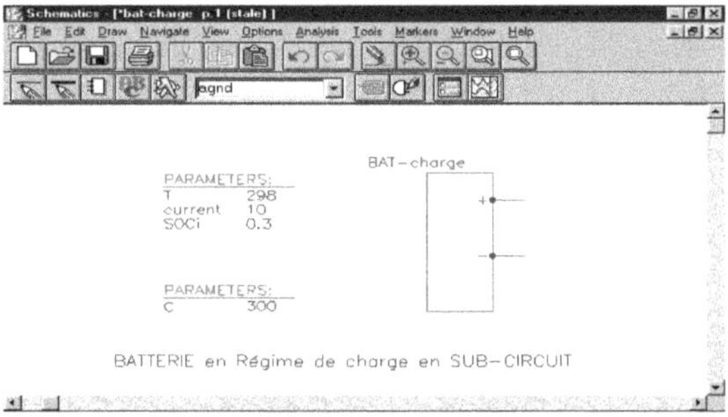

Figure 5.4 : Modèle de la batterie en régime de charge sous Pspice

Les résultats de la simulation Pspice obtenus par les modèles de Shepherd, Macomber et Copetti sont présentés sous forme de courbes comme montré sur les figures 5.6 à

165

5.8. Ces courbes représentent l'évolution de la tension d'un élément de batterie, dans le cas de la batterie Varta solar (B1), pour trois régimes choisis dans le processus de charge et de décharge, en fonction du temps pour une température de 25 °C.

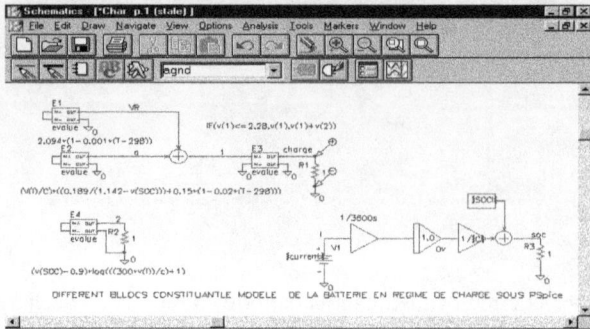

Figure 5.5 : Blocs et circuits constituant la batterie en régime de charge sous Pspice

Tableau 5.1. Différents blocs Pspice pendant la décharge et la charge de la batterie

Décharge	Charge et surcharge	Paramètre à calculé
2.094*(1-0.001*(T-298))	2.094*(1-0.001*(T-298))	La tension en circuit ouvert
		Calcul de l'état de charge (SOC) La différence est dans SOCi
(v(I)/C)+((0.189/v(soc))+0.15*(1-0.02*(T-298)))	(V(I)/C)+((0.189/(1.142-v('SOC')))+0.15*(1-0.02*(T-298))	Calcul du terme (r. I)
IF(V(B)>1.7v,V(B),1.7v)	IF(v(1)<=2.28,v(1),v(1)+v(2))	Implémentation des conditions de fin de décharge de la batterie ainsi que la surcharge
	(v(SOC)-0.9)*log(((300*v(I))/c)+1)	Calcul de la surcharge

166

Les résultats numériques obtenus nous informent sur l'importance des principaux paramètres : régime de charge et décharge, température, résistance interne et l'état de charge.

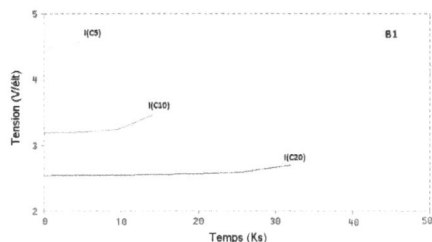
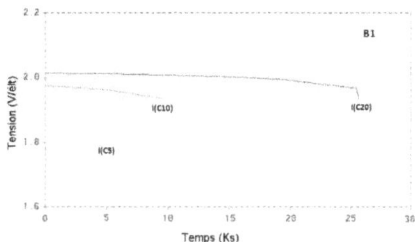

(a) (b)

Figure 5.6 : Résultats de simulation Pspice pour la charge (a) et la décharge (b) de B1 Modèle de Shepherd

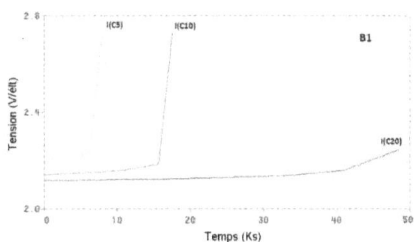
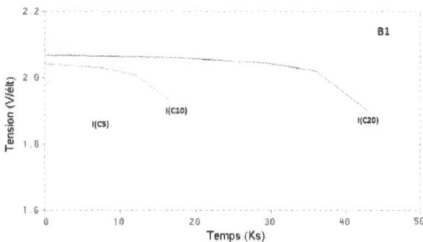

(a) (b)

Figure 5.7 : Résultats de simulation Pspice pour la charge (a) et la décharge (b) de B1 et B6 Modèle de Macomber

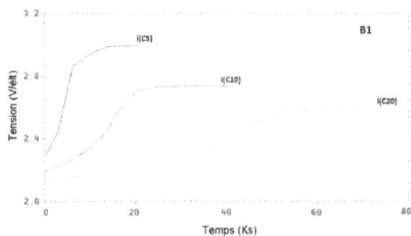
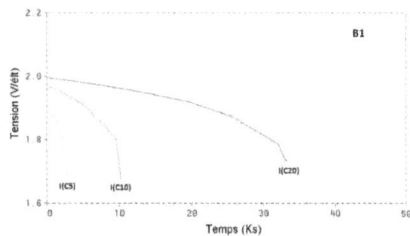

(a) (b)

Figure 5.8 : Résultats de simulation Pspice pour la charge (a) et la décharge (b) de B1 et B6 Modèle de Copetti

5.3.1.2 Implémentation des modèles d'étude sous Simulink

La simulation numérique des quatre modèles d'étude décrit dans le chapitre 3 à savoir : modèle de Shepherd, modèle de Macomber, modèle de Copetti et modèle de Guasch nous a donné des caractéristiques de charge et de décharge pour 4 courants différents : 1.4, 5, 10 et 20 A pour une température de 25°C. Toutes les tensions représentées dans ce qui suit sont des tensions d'un élément de la batterie.

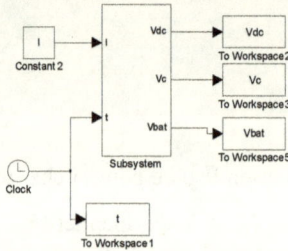

Figure 5.9 : Schéma bloc Simulink pour le modèle de Shepher

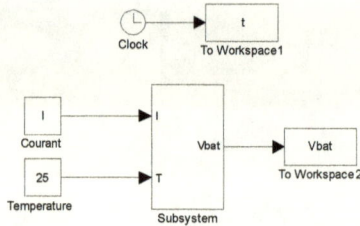

Figure 5.10 : Schéma bloc Simulink pour le modèle de Macomber

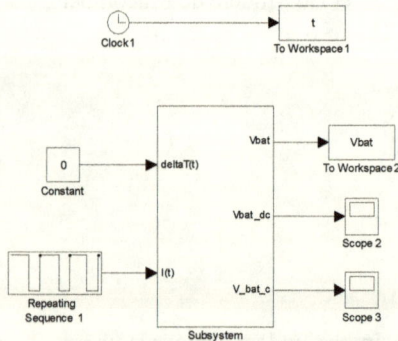

Figure 5.11 : Schéma bloc Simulink pour le modèle de Copetti

168

Les résultats de la simulation Simulink sont présentés par les courbes des figures 5.12 à 5.14 pour les batteries B1 et B6.

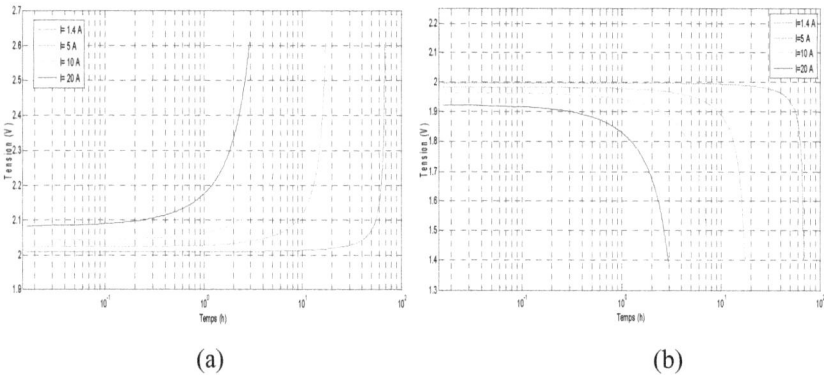

(a)   (b)

Figure 5.12 : Résultats de simulation Simulink pour la charge (a) et décharge (b) de B1 Modèle de Shepherd

Les résultats de simulation pour le modèle de Gasch sont les mêmes que pour le modèle de Copetti si on prend les mêmes paramètres normalisés données dans les référence [89-91].

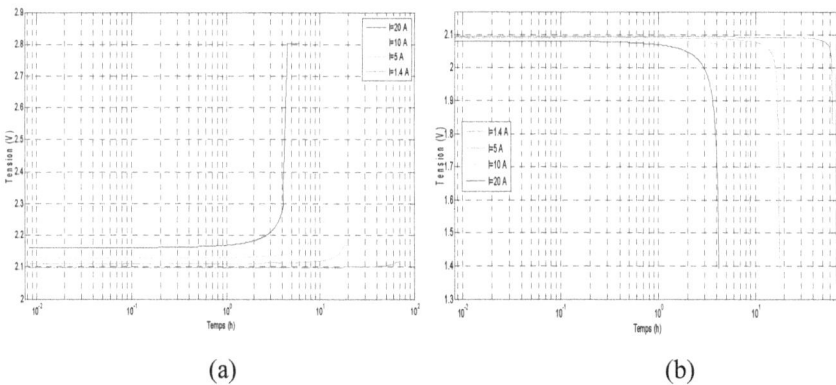

(a)   (b)

Figure 5.13 : Résultats de simulation Simulink pour la charge (a) et la décharge (b) de B1 et B6 Modèle de Macomber

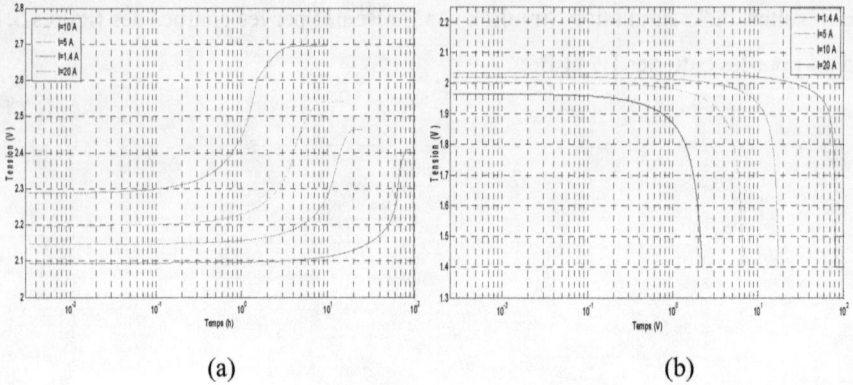

(a)   (b)

Figure 5.14 : Résultats de simulation Simulink pour la charge (a) et la décharge (b) de
B1 et B6 Modèle de Copetti

La figure 5.15 montre le profil appliqué pour le modèle de Copetti ou bien modèle de
Guasch avec des paramètres normalisés pour le cyclage charge/décharge. Nous
considérons 15 heures d'ensoleillement par jour du moi de Juillet 2011 et un courant
de 3 A sans perturbation, pour la charge et la décharge.

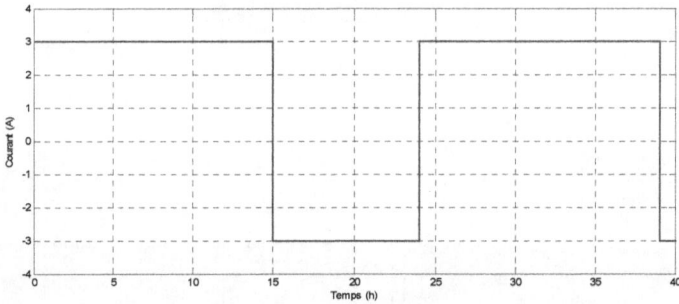

Figure 5.15 : Profil appliqué au courant

En appliquant le profil définit pour le courant, nous avons obtenu pour un cycle de
charge /décharge de 120 h (5 jours) la tension de la figure 5.16. Elle est en
augmentation, et au bout de 100 h, elle commence à atteindre la saturation.

170

L'état de charge SOC aussi augmente, et quand la tension de la batterie approche la saturation, il tend vers la valeur de 1 d'après la figure 5.17.

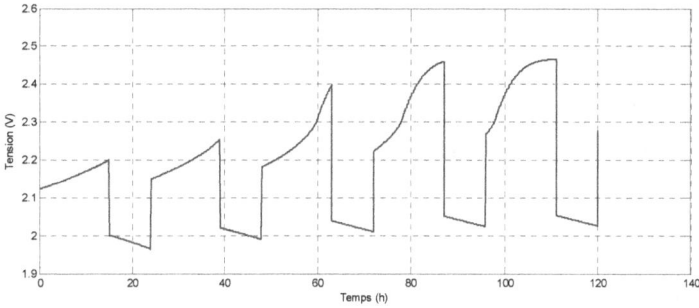

Figure 5.16 : Simulation du comportement de la tension de la batterie dans un cycle de charge/ décharge

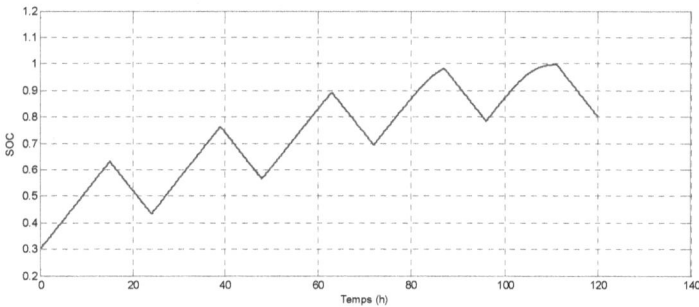

Figure 5.17 : Evolution dans le temps de l'état de charge (SOC) pour un cycle de charge/décharge de la batterie

La simulation montre que les trois modèles ont presque les mêmes allures pendant la charge et la décharge. La tension de la batterie est plus importante à chaque fois qu'on applique un courant plus élevé pendant la charge, et le temps de charge augmente à chaque fois que le courant est petit.

Sur la figure 5.14 apparaissent les trois zones de fonctionnement de la batterie : charge, surcharge et fin de charge pour le modèle de Copetti. La surcharge sur la figure 5.13 est apparue pour un courant de 20 A dans le modèle de Macomber. Le modèle de Shepherd ne tient pas compte de cette zone et décrit seulement la zone de charge.

Le comportement de la batterie pendant la décharge est le même pour les trois modèles. L'autonomie de la batterie diminue par application d'un courant plus grand. Elle diffère d'un modèle à un autre à cause de la différence des paramètres.

5.3.2 Identification des paramètres des modèles

Les modèles décrivant le comportement externe de la batterie choisi dans cette étude sont présentés par les auteurs suivants : par Shepherd, Macomber, Copetti et de Guasch. Ces modèles sont présentés pour représenter le comportement d'une batterie pendant la charge et la décharge dans des conditions opérationnelles considérées. Il est à noter que les modèles de Macomber et de Copetti sont des modèles qui ne nécessitent pas de données expérimentales pour être définis, par contre le modèle de Shepherd et de Guasch sont des modèles paramétriques dont les paramètres sont déterminés à partir des caractéristiques empiriques de charge et de décharge.

L'utilisation des modèles de Shepherd ou de Guasch nécessite la connaissance des paramètres des processus de charge et de décharge. Pour un même type de batterie (plomb acide par exemple) ces paramètres varient d'un constructeur à un autre, et d'une capacité à une autre. La caractérisation des différents paramètres pour les différents types de batterie par le lissage des données expérimentales a été basée sur la méthode d'identification donnée dans le chapitre 3 pour les deux modèles.

• Un programme pascal de la méthode des moindres carrés pour l'identification des paramètres de la charge et de la décharge du modèle de Shepherd a été élaboré.

Les valeurs des différents paramètres de la décharge et de la charge pour les différents types de batterie sont données dans le tableau suivant :

172

Tableau 5.2 : Paramètres du modèle de Shepherd pour la décharge et la charge par la méthode graphique des batteries B1, B2, B3, B4 et B5

Paramètres	B1	B2	B3	B4	B5
C_d (Ah/élt)	44.918	135.877	64.139	280.316	231.222
K_d (Ω.élt)	0.0025	0.0058	0.0032	0.0029	0.0037
R_d (Ω.élt)	0.0053	0.0021	0.0066	0.0021	0.0001
V_{sd} (V/élt)	2.0514	2.0560	2.0534	2.0618	2.0620
C_c (Ah/élt)	42.505	89.154	43.728	220.334	269.790
K_c (Ω.élt)	0.0016	-0.008	0.0014	-0.0040	-0.0014
R_c (Ω.élt)	0.0340	0.0928	0.0752	0.0260	0.0597
V_{sc} (V/élt)	1.9967	1.7460	1.8150	1.9024	1.8259

Avec K_c et R_c sont des résistances exprimées en Ω, dont les valeurs théoriques ne peuvent pas être négatives comme il est remarqué sur le tableau 5.2. Il est alors évident que les équations représentant la charge et la décharge sont des relations empiriques, et donc il n'y a aucune raison de croire qu'elles puissent décrire complètement la décharge ou la charge pour chacun des types de batteries.

- La méthode de « **parameter estimation tool** » de Simulink a été utilisée pour la détermination des paramètres des modèles de Shepherd et Guasch.

Elle se base sur la méthode des moindres carrés qui permet de comparer les données expérimentales généralement entachées d'erreurs de mesure, à un modèle mathématique qui est censé décrire ces données. A travers cette méthode nous comparons les données expérimentales à ceux trouvés lors de la simulation numérique. Notre modèle mathématique dans ce cas est le schéma de simulation ayant les paramètres à déterminer et à partir duquel nous exécutons cette tâche. Nous importons les données expérimentales vers le modèle et nous exécutons l'estimation.

Une fois terminé, nous obtenons les nouveaux paramètres de la batterie. Après avoir relevé toutes les données, nous avons procédé à la correction de la tension en la ramenant à la température de référence 25°C afin de faciliter la détermination des paramètres tout en considérant la température constante.

Les résultats des paramètres obtenus en appliquant la méthode parameter estimation tool de Simulink sur le modèle de Guasch sont donnés sur le tableau 5.3 pour les deux batteries B1 et B6. Les valeurs nominales des paramètres sur ce même tableau sont déterminées dans des études appliquées à la batterie de type plomb – acide Tudor 7TSE70 [81-85], [87]

Tableau 5.3 : Paramètres du modèle de Guasch par la méthode
parameter estimation tool pour B1 et B6

Parameters	Valeurs nominales	B1 (I=10A)	B1 (I=5A)	B6 (I=10A)	B6 (I=5A)
$C_{nominale}$ (Ah)	100	100	100	99.985	99.999
SOC_0	0.3	0.15945	0.21253	0.64288	0.0033385
A_{tsc} (h)	17.3	17.304	17.289	17.301	17.299
B_{tsc} (h)	852	852	852	852	852
C_{tsc}	1.67	1.8154	1.1466	1.7072	1.7981
α_{rc} (°C^{-1})	0.025	0.025	0.025	0.025	0.025
A_{fonsc} (V)	2.45	2.4108	2.2868	2.3385	3.1111
B_{fonsc} (VA)	2.011	2.0073	2.003	2.0004	2.0433
α_{fc} (°C^{-1})	0.002	0.002	0.002	0.002	0.002
A_{cap}	0.67	0.64741	0.68704	0.46808	0.42206
B_{cap}	0.9	0.9	0.9	0.90421	0.9
A_{gas} (V)	2.24	2.036	2.1619	2.4799	2.2207
B_{gas} (VA)	1.970	1.9888	1.9874	1.9958	1.9823
α_{gas} (°C^{-1})	0.002	0.002	0.002	0.002	0.002
C_{tcoef}	1.67	1.6925	1.653	1.8022	1.882
V_{occ} (V)	2	1.9418	1.8739	1.741	1.9311
K_{occ} (V)	0.16	0.1302	0.25342	0.063308	0.40123
P_{1c} (VAh)	6	5.9955	5.9955	5.9967	5.998
P_{2c}	0.86	0.91439	0.89483	0.9005	0.87574
P_{3c} (Vh)	0.48	0.41789	0.53096	2.5003	0.60593
P_{4c}	1.2	1.1812	1.2264	0.34276	1.3309
P_{5c} (Vh)	0.036	-0.002542	0.013239	0.0075913	0.025877
a_{cmt}	20.73	20.73	20.73	20.788	20.724
b_{cmt}	0.55	0.55542	0.55108	-0.8196	0.63386
P_{1d} (VAh)	4	3.9997	3.9997	3.9995	3.9991
P_{2d}	1.3	1.3029	1.3015	1.3041	1.3051
$P3_d$ (Vh)	0.27	0.0047889	0.44983	0.019279	3.6883e-
P_{4d}	1.5	1.4215	1.6266	1.4653	1.4236
P_{5d} (Vh)	0.02	0.013189	0.017567	0.010296	0.011916
α_{rd} (°C^{-1})	0.007	0.007	0.007	0.007	0.007
V_{ocd} (V)	2.085	2.1531	0.31754	2.1468	2.2467
K_{ocd} (V)	0.12	0.4353	2.1337	0.20948	0.34929
α_c (°C^{-1})	0.005	0.005	0.005	0.005	0.005
β_c (°C^{-2})	0	0	0	0	0

La comparaison des résultats de simulation du modèle de Guasch en utilisant les nouveaux paramètres obtenus à ceux de l'expérience du tableau 5.3 pour les deux types de batteries B1 et B6 sont donné sur les courbes suivantes à la température de 25°C :

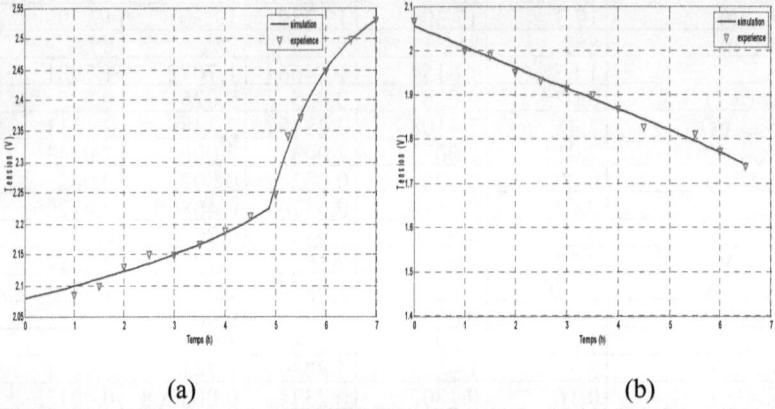

(a) (b)

Figure 5.18 : Charge (a) et décharge (b) de la batterie B1 à I=10 A Modèle de Guasch

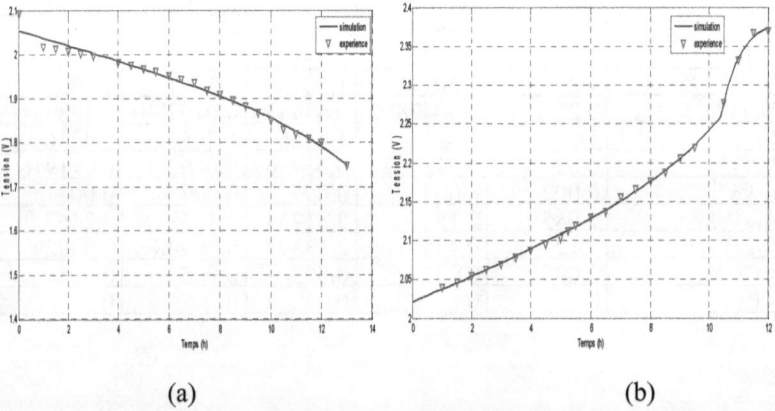

(a) (b)

Figure 5.19 : Charge (a) et décharge (b) de la batterie B1 à I=5 A Modèle de Guasch

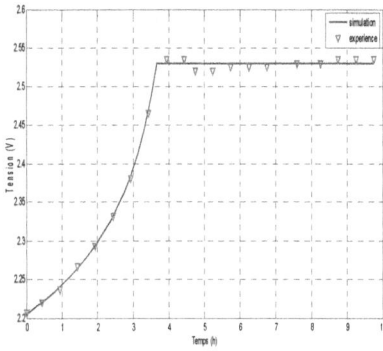 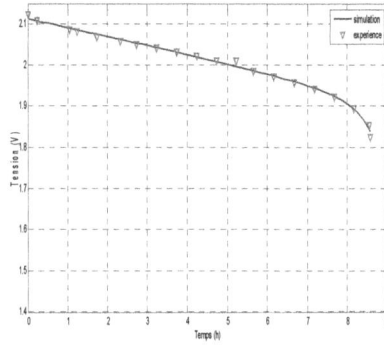

(a) (b)

Figure 5.20 : Charge (a) et décharge (b) de la batterie B6 à I=10 A Modèle de Guasch

Les résultats des paramètres obtenus en appliquant la méthode parameter estimation tool de Simulink sur le modèle de Shepherd sont donnés sur le tableau 5.4 pour les batteries B1 et B6.

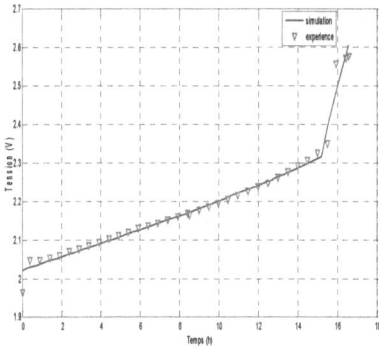 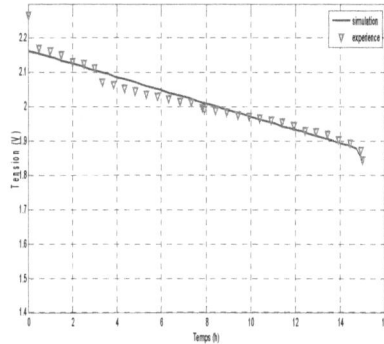

(a) (b)

Figure 5.21 : Charge (a) et décharge (b) de la batterie B6 à I=5 A Modèle de Guasch

Tableau 5.4 : Paramètres du modèle de Shepherd par la méthode parameter estimation tool pour B1 et B6 à différent régime de charge et décharge

Paramètres	B1 (I=1.4A)	B1 (I=5 A)	B1 (I=10)	B6 (I=5A)	B6 (I=10A)
A_d	0.16903	0.14163	0.19247	0.2126	-0.84842
B_d	0.29808	1.9559	3.2307	7.4558	-0.16034
C_d (Ah/élt)	99.995	101.56	109.3	107.98	113.03
K_d (Ω.élt)	0.080614	0.02336	0.011069	0.014349	0.004648
R_d(Ω.élt)	0.011009	-0.0051248	0.0019353	-0.019273	-0.098938
V_{sd} (V/élt)	2.0059	2.007	2.0043	2.0039	2.0114
A_c	0.74029	0.071079	-0.1998	-4.8321	-70.487
B_c	-2.6282	-0.98605	4.8156	-0.047298	-0.14284
C_c (Ah/élt)	99.753	98.969	134.66	88.268	373.57
K_c (Ω.élt)	1.6784	0.053215	0.058937	0.0046645	-0.66362
R_c (Ω.élt)	-0.7433	-0.031004	-0.067344	-0.92868	-6.3051
V_{sc} (V/élt)	1.4614	1.9938	1.9948	1.8203	1.374

La comparaison des résultats de simulation du modèle de Shepherd en utilisant les nouveaux paramètres obtenus à ceux de l'expérience du tableau 5.4 pour les deux types de batteries B1 et B6 sont donné sur les courbes 5.22 et 5.23 à la température de 25°C.

En analysant les résultats obtenus pour les deux modèles utilisés, nous constatons la variation de quelques paramètres pour la batterie B6 et moins de variation pour la batterie B1. Cela est dû aux conditions des tests, la discontinuité de la charge/ décharge (interruption chaque jours et reprise le lendemain) et l'arrêt des tests avant la charge complète de la batterie, c'est-à-dire avant d'atteindre une densité optimale correspondante à la charge complète et qui est de 1.28 g/cm³.

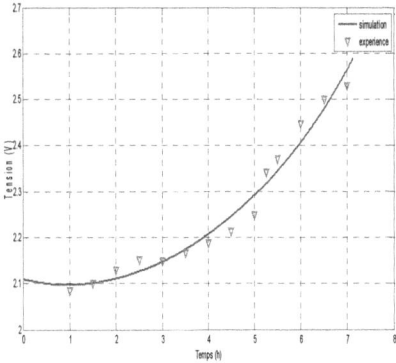 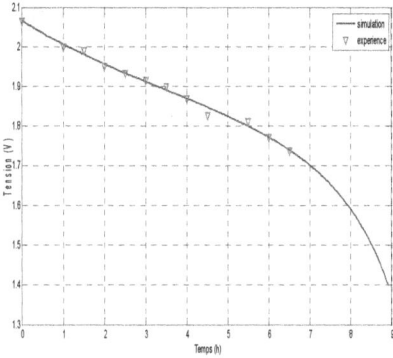

(a)   (b)

Figure 5.22 : Charge (a) et décharge (b) de la batterie B1 à I=10 A Modèle de
Shepherd

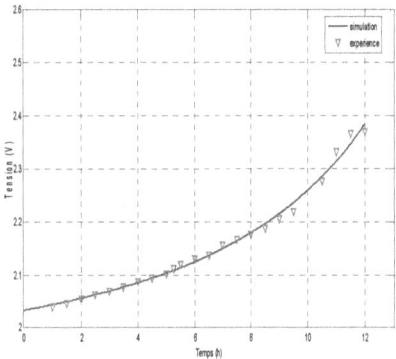 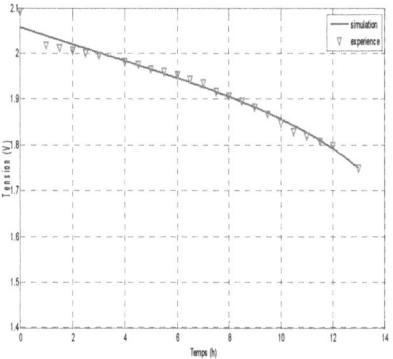

(a)   (b)

Figure 5.23 : Charge (a) et décharge (b) de la batterie B1 à I=5 A Modèle de
Shepherd

De ce fait la batterie n'entre pas dans quelques zones de fonctionnement décrites
précédemment en théorie, d'où le mauvais calcul de quelques paramètres.

Sur les figures de comparaison des résultats de simulation aux résultats
expérimentaux, la tension de la batterie suit sa simulation en utilisant les paramètres

179

calculés propres à la batterie. D'où l'efficacité de la méthode d'identification utilisée et sa précision.

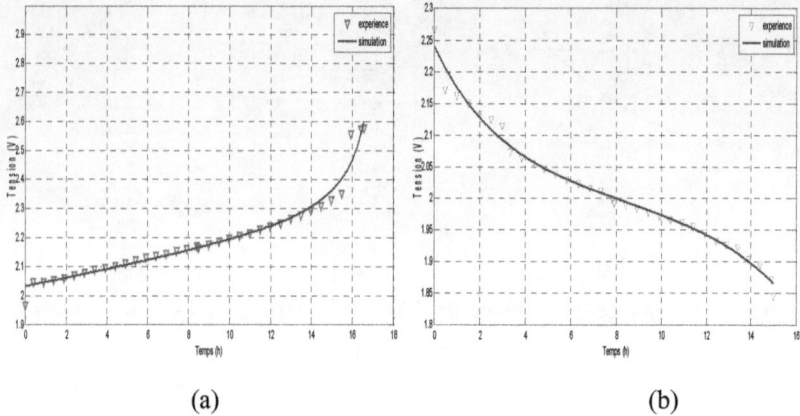

(a)   (b)

Figure 5.24 : Charge (a) et décharge (b) de la batterie B6 à I=5 A Modèle de Shepherd

5.3.3. Etude comparative des modèles

Après l'implémentation des différents modèles d'étude proposés ultérieurement, nous présentons les principaux résultats afin de les valider avec les résultats expérimentaux.

Pour vérifier la validité des modèles mathématiques, une comparaison entre les résultats de la simulation numérique et les données expérimentales pour une température de référence de 25°C est effectuée.

La comparaison entre les données réelles expérimentales avec celles obtenues par calcul à partir des modèles pour la batterie B1 pour des régimes différents à T = 25 °C est représentée sur les graphes des figures 5.25 à 5.27.

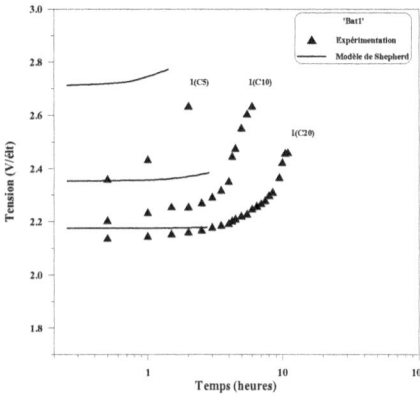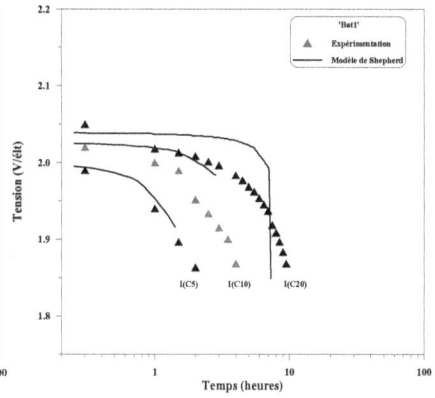

| (a) | (b) |

Figure 5.25 : Comparaison des résultats de charge (a) et de décharge (b)

Modèle de Shepherd

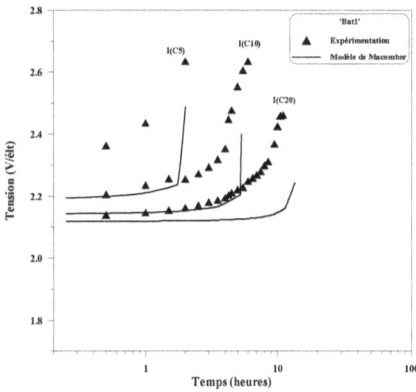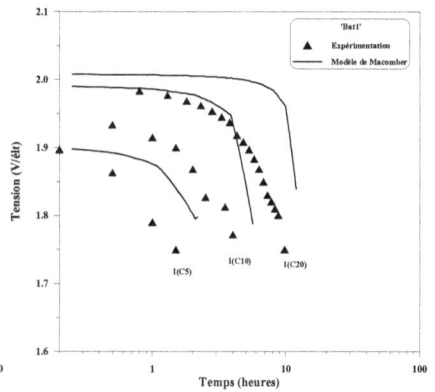

| (a) | (b) |

Figure 5.26 : Comparaison des résultats de charge (a) et de décharge (b)

Modèle de Macomber

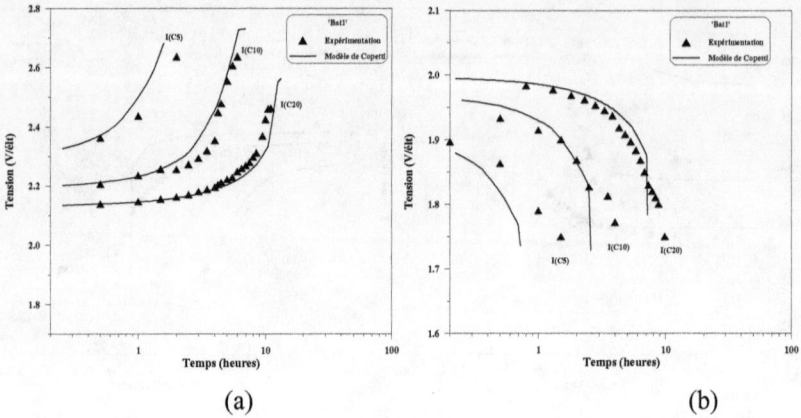

Figure 5.27 : Comparaison des résultats de charge (a) et de décharge (b)
Modèle de Copetti ou Guasch normalisé

D'après les courbes de décharge obtenues, on constate que pour des faibles régimes I (C_{50}), les écarts entre les valeurs calculées et mesurées sont faibles, ce qui été attendu puisque le modèle est applicable pour des régimes inférieurs au régime nominal I (C_{10}).

Pour évaluer l'efficacité des modèles, la méthode des erreurs est prise comme indicateur, c'est-à-dire l'erreur relative EM, indicatif de la demi-déviation des valeurs calculées par rapport aux valeurs mesurées, et l'écart type moyen RECM. Ces erreurs sont définies par les expressions suivantes [84, 85]:

$$EM = \frac{1}{N} \sum_{i=1}^{N} \frac{C_i - M_i}{M_i} \times 100 \qquad (5.1)$$

$$RECM = \left[\frac{1}{N} \sum_{i=1}^{N} \left[\frac{C_i - M_i}{M_i} \right]^2 \right]^{1/2} \times 100 \qquad (5.2)$$

où C_i et M_i sont les valeurs calculées et mesurées respectivement et N est le nombre de point des valeurs mesurées.

182

Sur le tableau 5.5, sont données les erreurs RECM en volts par élément (V/élt) pour les différents modèles d'étude à différents régimes de charge et de décharge et à T = 25 °C.

Tableau 5.5 : Erreurs RECM (%) calculées pendant la décharge et
la décharge à T = 25 °C

	Shepherd		Macomber		Copetti ou Guasch normalisé	
	charge	décharge	charge	décharge	charge	décharge
B1	4.3	2.6	6.1	5.2	2.1	2.2
B2	-	1.8	5.9	2.5	4.5	2.9
B3	10.5	2.1	6.2	3.3	4.7	1
B4	-	2.9	4.1	4.4	2.4	2.8
B5	-	1	4.3	1.1	2.2	1.8

- **Modèle de Shepherd**

Le modèle de Shepherd est le modèle qui reproduit bien le comportement de la batterie pendant le processus de décharge pour T = 25 °C. En approchant la fin de la décharge pour des régimes de décharge élevés, la tension chute rapidement et une plus grande déviation est observée limitant la précision sur la valeur de la capacité. Shepherd décrit bien la décharge de la batterie, mais cette phase nécessite d'autres données paramétrées à identifier. Les valeurs de la tension de charge ne coïncident pas forcément avec l'expérimentation. Notons bien que la phase de la surcharge et l'influence de la température ne sont point considérées dans ce modèle. Par ailleurs, il existe des paramètres qui n'ont pas de sens physique, comme par exemple une résistance interne négative.

- **Modèle de Macomber**

Le modèle de Macomber n'est pas adapté pour représenter le processus de décharge. On observe une valeur plus élevée de RECM par rapport aux autres modèles étudiés.

Concernant le processus de charge, les erreurs calculées montrent immanquablement l'inefficacité de ce modèle dans la description du processus lui-même, et même dans le phénomène de surcharge. Le terme inclus dans le modèle de Macomber pour la surcharge ne reproduit pas ce processus et les valeurs de l'erreur RECM indiquent bien cette déviation. Ces grands écarts sont dus probablement à la valeur des divers paramètres qui sont identifiés pour un autre type de batterie dans des conditions opérationnelles différentes, ou peut être que les batteries utilisées pour la description de ce modèle sont différentes de celles utilisées dans les applications photovoltaïques. Ce modèle proposé ne se réfère pas à un type spécifique de batterie, il fait référence seulement que les batteries utilisées sont au plomb acide. L'alliage des plaques est au plomb calcium et le régime de décharge est très faible, la capacité nominale est de C500. Cependant, il est possible d'améliorer ce modèle par la substitution de nouvelles valeurs de ces paramètres d'après les données expérimentales, et par inclusion d'un terme qui tient compte de la variation de la tension de circuit ouvert avec l'état de charge de la batterie.

La limitation principale des modèles de Shepherd et de Macomber, est dans leur incapacité à décrire le comportement des batteries au cours des processus de charge, plus particulièrement dans la phase de dégagement gazeux et aussi dans l'augmentation de température provoquée par cette dernière. Le terme retraçant la surcharge qui est rajouté dans l'écriture du modèle de Macomber n'apporte aucune amélioration, quant à l'ajustement des valeurs mesurées, comme il est nettement constaté dans le calcul de l'erreur RECM.

- **Modèle de Copetti ou de Guasch normalisé**

L'habileté du modèle de Copetti de représenter le comportement de la batterie est vérifiée en comparant les erreurs calculées par ce modèle par rapport aux autres modèles. Aussi, si nous comparons les résultats obtenus avec ceux donnés par Macomber, lequel suit les mêmes objectifs de généralisation, (RECM = 0.022 V/élt pour la décharge et de 0.021 V/élt pour la charge dans le cas de B1), on peut faire la remarque, que le modèle généralisé de Copetti est considérablement meilleur. La précision de ce modèle normalisé est plus que satisfaisante, ce qui lui permet d'approcher la plupart des problèmes rencontrés actuellement dans le système photovoltaïque.

> **Tension du dégagement gazeux Vg et tension de fin de charge Vfc**

A partir du modèle de Copetti, on trace l'évolution de la tension du dégagement gazeux Vg, et la tension de fin de charge Vfc en fonction du temps pour le cas B1 et ce pour différentes températures et a différents régimes (figure 5.28).

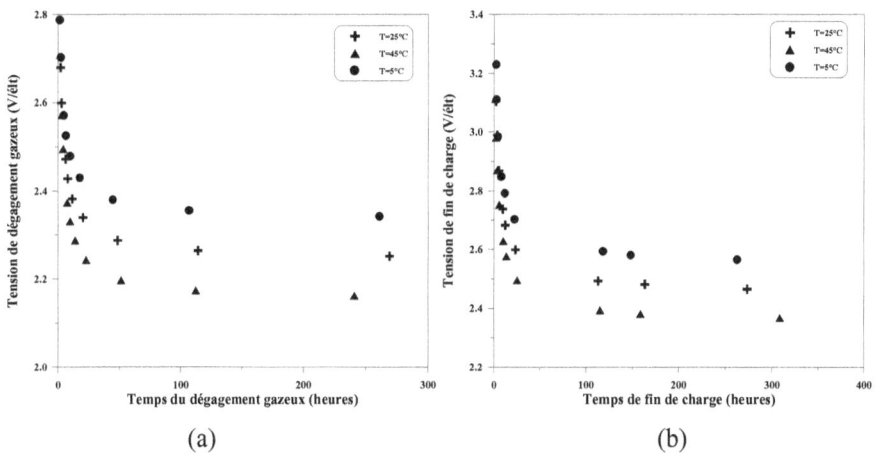

(a)   (b)

Figure 5.28 : Tensions Vg (a) et Vfc (b) en fonction du temps et de la température pour différents régimes de la batterie B1

> **Capacité C de la batterie**

A partir du modèle de Copetti et des résultats expérimentaux, on trace l'évolution de la capacité **C** pour les différentes batteries choisies en fonction du temps pour différents régimes de décharge (figures 5.29).

185

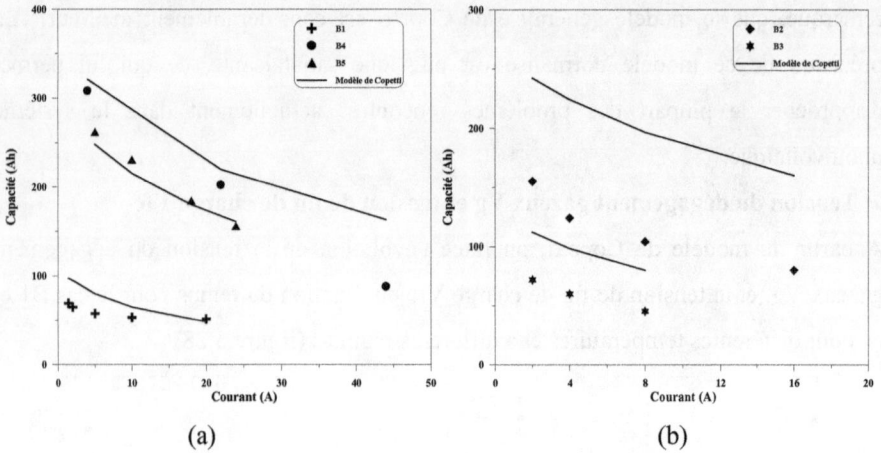

(a)
(b)

Figure 5.29 : Capacité en fonction du temps B1, B4 et B5 (a) et B2 et B3 (b)

La comparaison entre la capacité mesurée et celle calculée par le modèle de Copetti montre que pour les batteries B2 et B3, un écart important est observé contrairement aux autres types de batterie. Cela est du à la technologie de fabrication de ce type de batterie qui n'est pas identique aux types de batteries à usage solaire. Les paramètres du modèle de la capacité ont été déterminés pour des types de batteries au plomb acide. Il faut noter aussi

que la tension de fin de décharge a été prise respectivement à 1.8 V/élt pour B1, B4 et B5, et à 1.9 V/élt pour B2 et B3. Ces tensions sont données par le constructeur.

➢ **Relation entre la capacité maximale C_T avec la capacité nominale C_{10}.**
La figure 5.30 représente l'évolution de la capacité nominale **C10** en fonction de la capacité maximale CT. Les données expérimentales ont été prises dans la référence [85], pour un ensemble de huit batteries testées par l'auteur, tandis que la neuvième batterie est la batterie varta B1.

Le lissage des points de la figure 5.30 donne la droite de la forme :

$$C_T = 1.77871 \times C_{10} - 35.8263 \qquad (r^2 = 0.960521) \qquad (5.3)$$

186

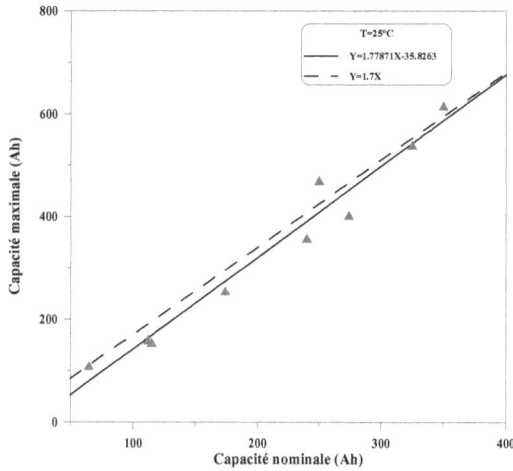

Figure 5.30 : Capacité maximale en fonction de la capacité nominale

Dans le modèle de Copetti, il a été supposé que la capacité maximale est de la forme suivante:

$$C_T = 1.1 \times C_{100\,exp} = 1.7 \times C_{10} \tag{5.4}$$

> **Relation entre le temps du dégagement gazeux tg avec le régime de charge (I / C_{10})**

Le temps du dégagement gazeux simulé (tg) pour les cinq types de batteries en fonction de la fraction du courant par la capacité nominale (I / C10), à la température de 25 °C, est représenté par la figure 5.31. Tandis que la comparaison entre les valeurs simulées et calculées du temps du dégagement gazeux par le biais du modèle de Copetti, est donnée sur la figure 5.32.

On remarque que la relation entre tg et (I / C_{10}) suit l'équation (5.5) pour les cinq types de batteries.

$$t_g = 0.47622 \left(\frac{I}{C_{10}} \right)^{-1.268} \tag{5.5}$$

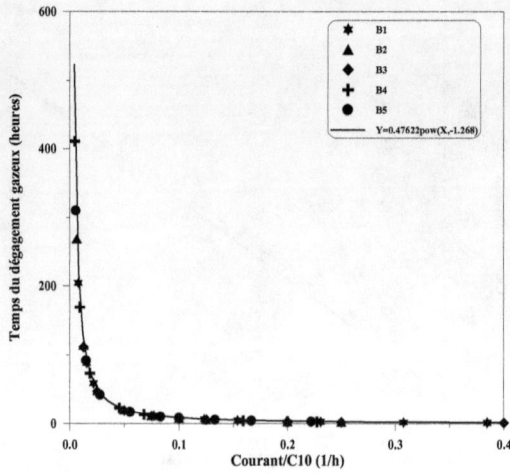

Figure 5.31 : Temp tg simulé par le modèle de Copetti en fonction de I / C_{10}

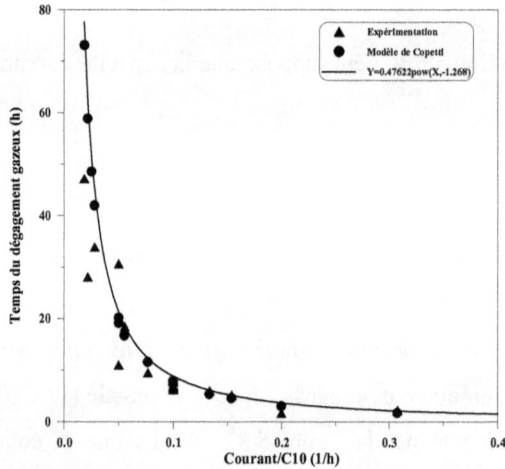

Figure 5.32 : Comparaison entre le temps tg mesuré et celui simulé par le modèle
de Copetti

L'équation (5.5) est identique à celle donnée ci après [85] :

$$t_g = 0.243 \left(\frac{I}{C_T} \right)^{-1.268} \tag{5.6}$$

La valeur du temps t_g du début du dégagement gazeux est donné par la relation d'interpolation des valeurs simulés par le modèle de Copetti en considérant que $C_T = 1.7\ C_{10}$. Les courbes représentant les valeurs mesurées et celles calculées par le modèle de Copetti sont identiques.

➢ **Relation entre les tensions du dégagement gazeux et de fin de charge V_g, V_{fc} et les temps respectifs**

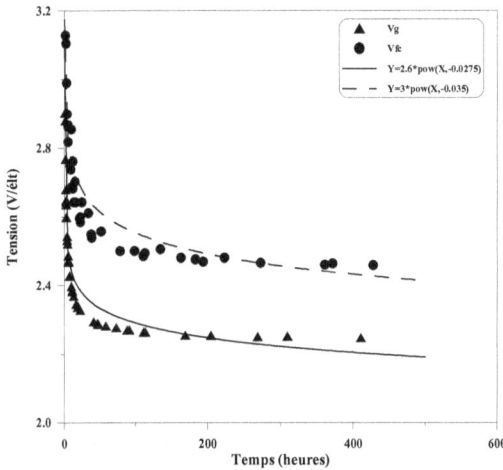

Figure 5.33 : Tensions Vg et Vfc simulées en fonction du temps

On va essayer de trouver la relation entre la tension du dégagement gazeux et celle de fin de charge en fonction du temps. On remarque que l'allure des deux relations est de la forme suivante :

$$V_g = 2.6\ \left(t_g\right)^{-0.0275} \tag{5.7}$$

$$V_{fc} = 3\ \left(t_{fc}\right)^{-0.035} \tag{5.8}$$

• **Modèle de Guasch**

L'objectif du modèle de Guasch est la détermination des paramètres qui peuvent influencer le comportement dynamique des batteries au plomb-acide destinées à un

189

usage solaire pour le stockage d'énergie photovoltaïque. La connaissance de ces paramètres étant très importante pour prévoir les caractéristiques de charge et de décharge de ces batteries et afin de concevoir des régulateurs de charge qui les protège des décharges importantes et des surcharges. Cela contribue à l'augmentation de leur durée de vie.

Apres avoir effectué tout les essais sur le deux types de batteries B1 et B6, nous avons trouvé que leurs allures suivent le modèle mathématique normalisé proposé par Guasch qui utilise les paramètres de Copetti en les comparant avec ceux simulés par Matlab/Simulink.

Nous avons ensuite entamé à l'identification des paramètres propres à nos batteries B1 et B6 en comparant les données expérimentales aux courbes théoriques par la méthode « estimation parameter tool ». Nous avons vu que les paramètres varient par type de batterie.

Les résultats de simulation trouvés avec les nouveaux paramètres identifiés par « estimation parameter tool » montrent la précision de cette méthode de calcul.

5.4. Etude de simulation de la batterie dans un système photovoltaïque

Afin d'évaluer les performances du système de stockage dans une installation photovoltaïques en considérant l'effet du cyclage de charge / décharges à diverses intensités, et d'en vérifier si le modèle choisi est capable de représenter le comportement de la batterie, dans ces conditions. La validité du modèle de Copetti est également vérifiée pour les essais en mode de cyclage charge/décharge avec des courants variables sur deux types de batteries précédemment effectuées pour en étudier leur comportement dans un système photovoltaïque.

Pour le calcul de l'état de charge d'une batterie en cours de recharge, le rendement de charge qui est fonction de l'état de charge, du régime et du temps de stockage, doit être considéré. La détermination de l'état de charge de la batterie B1 est donnée par la mesure de la densité de l'électrolyte et de la tension en circuit-ouvert. Pour la batterie B7, la valeur de l'état de charge initial (SOC0) de cette batterie a été déterminée à partir de la courbe linéaire de la tension en circuit-ouvert, fonction de l'état de charge, donné par le constructeur. A partir de ces conditions initiales pour ces deux types de batteries, l'état de charge (SOC) de ces batteries est déterminé à chaque instant.

Les résultats de la modélisation pour les batteries B1 et B7 des deux systèmes photovoltaïques décrient dans le chapitre 4 suivant l'ensoleillement pour la charge et suivant la consommation pour la décharge et en tenant compte de la variation de température ambiante sont présentés dans les figures 5.34, 5.35 et 5.36.

Pour la vérification de la validité du modèle mathématique de Copetti ou bien de Guasch normalisé, les résultats de la simulation numérique sont ainsi comparés avec les données expérimentales.

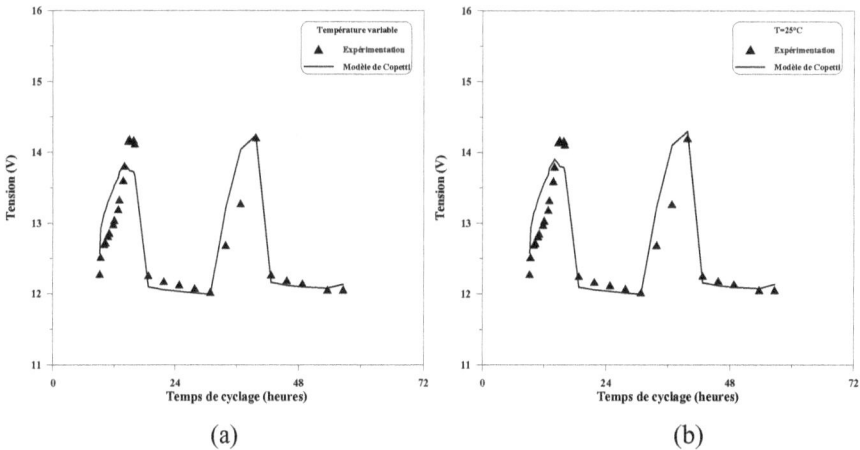

(a)   (b)

Figure 5.34 : Modélisation des cycles de charge / décharge pour batterie B1 à température variables (a) et température de 25°C (b)

Les données expérimentales existantes sont relatives à trois jours de fonctionnement de la batterie B1. On note aisément la concordance entre les données mesurées et celles calculées à T = 25 °C, donnant une erreur RECM = 0.0280 V/élt, tandis que

191

des températures enregistrées sur site, la valeur de l'erreur est de RECM = 0.0271 V/élt.

Pour compléter cette évaluation, ce même modèle a été appliqué à un système de stockage par le biais de la batterie B7 sur une durée de dix jours de fonctionnement. Cette batterie est alors intégrée dans un système photovoltaïque. Il faut noter que cette batterie B7 a une capacité de stockage (C_{10} = 800 Ah) plus importante que la batterie B1 (C_{10} = 100 Ah). La valeur de l'erreur RECM calculé pour une température ambiante de 25 °C est de 0.0232 V/élt et pour des températures variables, elle est de 0.0175V/élt.

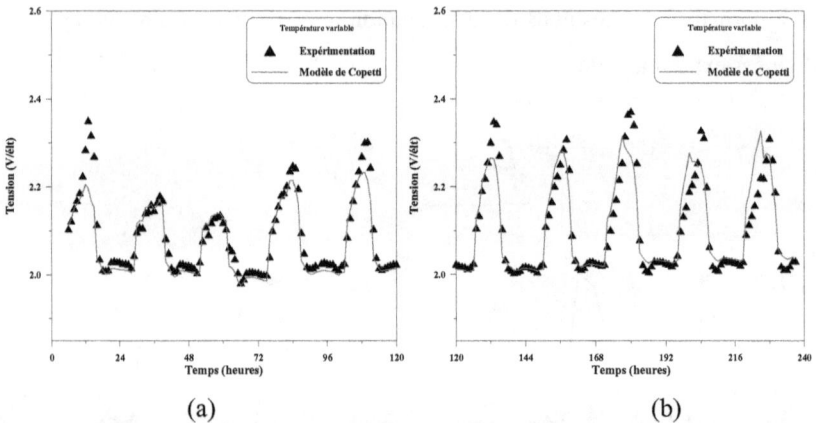

Figure 5.35 : Modélisation des cycles de charge / décharge de la batterie B7 à températures variables de 1 à 5 jours (a) et de 5 à 10 jours (b)

Si on compare les deux courbes de la simulation de ces deux systèmes photovoltaïques, on remarque que le modèle de Copetti donne une bonne simulation de la décharge pour les deux cas, alors que des écarts existent entre les valeurs réelles et les valeurs calculées au cours de la charge pour la batterie B7.

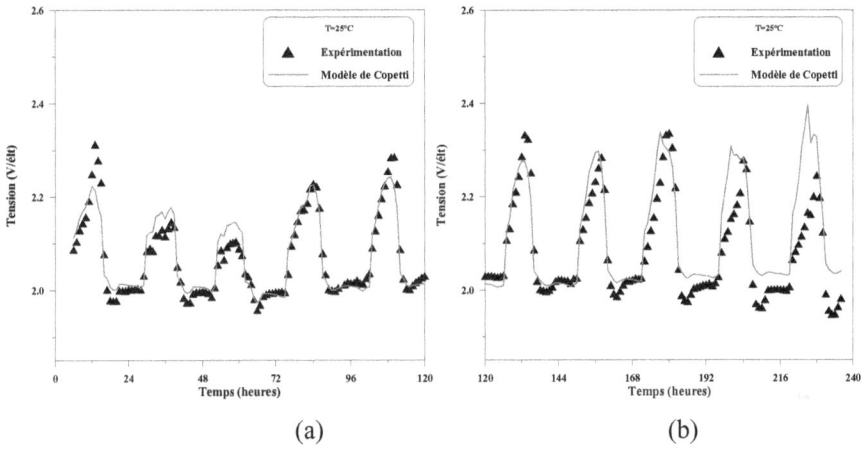

Figure 5.36 : Modélisation des cycles de charge / décharge de la batterie B7 à T = 25°C de 1 à 5 jours (a) et de 5 à 10 jours (b)

L'efficacité du modèle de Copetti a pu être mise en évidence pendant la décharge, tandis que les résultats sont en conséquence surestimés en cours de recharge qui tient en compte de la surcharge. Ces écarts proviennent du fait que la détermination de l'état de charge est difficilement calculable pendant la charge. Par ailleurs, ce dernier est déterminé approximativement pour la batterie B7, mais pour la batterie B1, l'état de charge a été déterminé à partir de la densité de l'électrolyte, indicateur excellent de l'état de charge.

5.5. Conclusion

Les modèles étudiés dans ce chapitre représentent le fonctionnement de la batterie au cours des processus de charge et de décharge. La validité de ces modèles a été analysée quant à leur capacité d'adaptation à représenter l'évolution de la tension aux bornes de la batterie pour des régimes de charge/décharge choisis et à une température de 25 °C. La partie simulation vient compléter la partie expérimentale. Dans ce chapitre, le comportement dynamique de la batterie a été simulé par la mise

193

en œuvre de ces modèles étudiés par le logiciel Pspice en utilisant la technique (A.B.M), et le logiciel Matlab/Simulink.

Les résultats obtenus nous ont permis de conclure que ces modèles traduisent correctement le comportement de la batterie au cours du processus de la décharge, car l'erreur RECM est inférieure à 60 mV/élt pour le modèle de Shepherd et Macomber, mais des limitations considérables sont à noter au cours du processus de la charge, y compris la surcharge (RECM de l'ordre de 100mV/élt).

Le modèle de Shepherd est un modèle dont il fallait en calculer les paramètres pour la caractérisation d'un type de batterie. Tandis que le modèle normalisé de Copetti est par conséquent valide pour différents types de batteries, de diverses dimensions. Ce modèle de Copetti est en accord avec les données expérimentales (RECM de l'ordre de 100 à 290 mV/élt pour la décharge et de 210 à 470 mV/élt pour la charge.

Le modèle de Guasch traite les batteries travaillant dans des systèmes photovoltaïques en prenant en compte le comportement dynamique de celles-ci. Le noyau de ce modèle est basé sur le modèle général bien connu de Copetti. En outre, toutes les valeurs numériques du modèle sont adaptées sur la batterie spécifique, et doit être ajusté pour chaque nouvelle batterie. Les constantes dans le modèle de Copetti sont de nouvelles variables dans ce nouveau modèle de Guasch. D'autre part, pour le raccord des valeurs numériques du modèle, l'algorithm de Levenberg-Marquardt est appliqué pour obtenir des résultats plus précis par la méthode « estimation parameter tool » de Matlab/Simulink. Dans ce modèle l'état de charge (SOC) est redéfinis et de nouveaux paramètres ont été ajoutés tel que le niveau d'énergie (LOE) et l'état de santé de la batterie (SOH) qui prend en considération le vieillissement.

Sur les figures de comparaison des résultats de simulation aux résultats expérimentaux de B1 et B6, la tension de la batterie suit bien sa simulation en utilisant les paramètres calculés propres à la batterie. D'où l'efficacité de la méthode d'identification utilisée et sa précision et ainsi l'efficacité du modèle de Guasch.

Cette étude de simulation a été valorisée par les documents [9, 12] et [191-193].

Conclusion générale

Dans ce travail, nous avons étudié les différents types de stockage des énergies renouvelables. Le stockage de l'énergie électrique par accumulateurs électrochimiques a été étudié en détail.

Les batteries au plomb-acide sont encore l'option viable des systèmes d'accumulation énergétique et ont prouvé leur usage pendant longtemps dans les systèmes photovoltaïques autonomes. Vu l'importance du système de stockage dans un système PV, il est d'intérêt d'étudier et de comprendre le comportement des batteries sous une gamme de conditions opérationnelles, et ainsi améliorer leurs avantages, et allonger leurs durées de vie utile.

Le but principal de cette étude est de caractériser les batteries au plomb et ainsi représenter avec précision les principaux paramètres définissant le comportement de la batterie durant le processus de la charge et de la décharge. La modélisation du comportement dynamique de la batterie à conduit au choix du modèle normalisé et générale de Copetti qui est facile à implémenter, c'est un outil approprié pour les études de simulation du fonctionnement des systèmes photovoltaïques.

Pour atteindre ces objectifs, initialement on a réalisé un travail expérimental laborieux avec différents types de batteries au plomb-acide de différentes capacités et de différents constructeurs.

Les essais expérimentaux consistent sur la réalisation de la charge et de la décharge à différents régimes afin de reproduire les variations des conditions réelles d'opération des systèmes photovoltaïques. On a aussi inclus les essais de mesure de la résistance interne d'une batterie pour le régime nominale et à la température ambiante. Les résultats permettent ainsi de vérifier les relations existantes entre les variables : courant, tension, température et état de charge de la batterie.

A travers l'ensemble des données mesurées, il a été possible de vérifier la capacité de quelques modèles de batteries disponibles dans la littérature, Shepherd, Macomber , Copetti et Gasch.

De la comparaison, il a été conclu que le modèle de Shepherd reproduit parfaitement le comportement de la batterie pendant la décharge, si les valeurs des paramètres sont préalablement ajustées avec les résultats expérimentaux de chaque type de batterie.

Cependant, il présente certaines limitations dans le processus de la charge, principalement dans la présence de la surcharge.

Pour améliorer ce modèle, des modifications sont exigées, par exemple, inclure l'influence des variations de la température, inclure un modèle pour la capacité et l'effet de la surcharge.

Néanmoins des simplifications devraient être faites pour diminuer le grand nombre de paramètres à identifier en utilisant un minimum de données expérimental. Des modifications des modèles paramétriques sont proposées par Macomber ou l'effet de la température a été considéré et par Copetti qui a proposée des équations normalisées pour la capacité, la résistance interne, le rendement de charge, la charge, la décharge avec des corrections de l'effet de la température ainsi qu'une expression pour le processus de la surcharge. Cela a rendu la possibilité de ce dernier d'arriver à un bon accord avec les données expérimentales.

Le modèle de Macomber, bien qu'il soit un modèle général, il ne reproduit pas le comportement de la batterie contrairement à celui développé et normalisé par Copetti pour donner une nouvelle version simplifiée de la relation de la capacité. Les équations ont été réécrites avec les valeurs des paramètres ajustés, cela autorise leur usage indépendant de la dimension de la batterie, ce qui est très utile dans la simulation. Ce modèle présente une plus petite précision, comparé avec les autres modèles, il est assez satisfaisant pour être généralisé, comme il a été vérifié à partir de la comparaison des données pour les différentes batteries y compris les données de cyclages. Il est ainsi capable de représenter convenablement les processus de la charge et de la décharge avec des régimes lents, qui sont caractéristique des

196

applications photovoltaïques, et les effets de la variation de la température qui présente une amélioration considérable de la charge.

Ainsi ce travail montre une meilleure potentialité du modèle normalisé de Copetti et les possibilités variables de son exploitation et son application dans un programme de simulation des systèmes photovoltaïque.

Ce qui a été présenté jusqu'ici peut indiquer beaucoup de chemin qui pourraient suivre cette recherche.

Concernant le banc d'essai-test de la partie expérimentale une amélioration pourra être apportée en lui rajoutant un bac thermostaté pour la régulation de la température ambiante.

Quant au modèle de Copetti, il est intéressant de chercher une équation pour le rendement de la batterie en se basant sur les résultats expérimentaux spécifiques pour chaque type de batterie afin d'améliorer la précision de la valeur de l'état de charge réel. Une autre contribution pourra être apportée sur l'équation de la surcharge en introduisant la valeur du temps du dégagement gazeux.

Si on prend en compte la durabilité de la batterie, il est intéressant d'approfondir les thèmes traités dans cette étude en incluant les facteurs de dégradation pour chaque type de batterie qui peuvent ainsi modifier les paramètres du modèle.

Le phénomène de la corrosion peut être ainsi quantifié, si on connaissait au préalable la relation entre la distribution de la tension de surcharge et la vitesse de répartition de ce phénomène.

Cette contribution a été donné par le modèle de Gasch qui a été aussi étudié dans ce travail, ce modèle est une continuité du modèle de Copetti, il prend en compte l'autodécharge et la durée de vie de la batterie qui sont des paramètres très important pour les batteries utilisées dans les systèmes photovoltaïques.

Dans ce modèle l'état de charge (SOC) est redéfinis et de nouveaux paramètres ont été ajoutés tel que le niveau d'énergie (LOE) et l'état de santé de la batterie (SOH) qui prend en considération le vieillissement.

Les résultats de simulation trouvés avec les nouveaux paramètres identifiés par la méthode « estimation parameter tool » utilisée dans le modèle de Guasch montrent la précision de cette méthode de calcul et ainsi de ce modèle.

Références bibliographiques

[1] P.A. Buigues. Scenarios pour le solaire Horizon 2000. Edition Edisud, 1981.

[2] R. Dumen. Energie solaire et stockage d'énergie. Edition Masson, 1977.

[3] M. Korpås. Distributed energy systems with wind power and energy storage. Thesis, University of Science and Technology Trondheim, 2004.

[4] C. Richard, N. Flagstaff. Solar energy conversion. Arizona U.S.A. March 1994.

[5] M. Semadeni. Storage of energy, overview. Institutes of Technology Zurich, Switzerland. Encyclopaedia of Energy.

[6] J.P. Anzano, P. Jaud, D. Madet. Stockage de l'électricité dans le système de production électrique. Techniques de l'Ingénieur, traité Génie Electrique D4030.

[7] S. Coelho, J. Goldemberg. Renewable and alternatives sources, alternative transportation fuels: contemporary case studies. University of Sao Paulo, Brazil Encyclopaedia of Energy.

[8] J. Labée. L'hydrogène électrolytique comme moyen de stockage d'électricité pour systèmes photovoltaiques isolès. Thèse de doctorat de l'école des mines de paris (2006).

[9] N. Achaibou, M. Haddadi, A. Malek. Etude du système de stockage dans un système PV. IVième congrès international sur les énergies renouvelables et l'environnement (CERE'09) 19 – 21 Mars 2009, Tunisie.

[10] M. Hill, S.M. Carthy. PV battery handbook. Hyperion energy systems, Ltd, Ireland, 1991, 117p.

[11] I. Vechiu. Modélisation et analyse de l'intégration des énergies renouvelables dans un réseau autonome. Thèse de doctorat de l'université du havre, 2005.

[12] N. Achaibou. Stockage des énergies renouvelables application au stockage de l'énergie solaire photovoltaïque par accumulateurs électrochimiques. Mémoire de Magister de l'Université Saad Dahleb de Blida, 2002.

[13] I. Hadjipaschalis, A. Poullikkas, V. Efthimiou. Overview of current and future energy storage technologies for electric power applications. 2009, Renewable and Sustainable Energy Reviews 13 pp 1513–1522.

[14] M. Jacquier. Accumulateurs. Techniques de l'ingénieur, 1981.

[15] L. Joerissen, J. Garche, C. Fabjan, G. Tomazic. Possible use of vanadium redox-flow batteries for energy storage in small grids and stand-alone photovoltaic systems. 2004, Journal of Power Sources 127 pp 98–104.

[16] C.Fabjan, J. Garche, B. Harrer, and all. The vanadium redox-battery: an efficient storage unit for photovoltaic systems. 2001, Electrochimica Acta 47 pp 825–831.

[17] C. Blanc. Modeling of a vanadium redox flow battery electricity storage system. Thèse, École Polytechnique Fédérale De Lausanne, 2009.

[18] X. Rocquefelte. Modélisation du comportement électrochimique de matériaux pour batteries au lithium à partir de calculs de premiers principes. Doctorat, université de bordeaux I, 2001.

[19] M.V. Venkatashamy Reddy. Étude de couches minces de type $LiNiVO_4$ utilisables en tant qu'électrode négative dans des microbatteries au lithium. Doctorat, Université de bordeaux I, 2003.

[20] A. Chagnes. Propriétés de transport dans les électrolytes concentrés à base de γ-butyrolactone, application aux accumulateurs rechargeables au lithium. Doctorat, Université de tours, 2002.

[21] D. Djian. Étude et développement de séparateurs pour une nouvelle architecture de batteries Li-ion a charge rapide. Docteur de l'INPG, 2005.

[22] Gat 4 Production et stockage de l'hydrogène. Rapport juillet 2004.

[23] R. Benchrifa, A. Bennouna, D. Zejli. Rôle de l'hydrogène dans le stockage de l'électricité à base des énergies renouvelables. 2ème workshop international sur l'hydrogène. Ghardaïa, Algeria, 27 au 29 october 2007.

[24] F. Rory, D. Monaghan. Hydrogen storage of energy for small power supply systems. Massachusetts Institute of Technology, 2005.

[25] G. Berry, J. Martinez-Frias, F. Espinosa-Loza, S.M. Aceves. Hydrogen storage and transportation. Lawrence Livermore National Laboratory, California, United States. Encyclopaedia of Energy.

[26] La revue Science, Silence N° 302, 2010, page 24.

[27] N. Achaibou, M. Haddadi, A. Malek. Evaluation du stockage de l'hydrogène dans un système photovoltaïque. 3ème workshop international sur l'hydrogène. Rabat, Maroc 28 au 31 novembre 2009.

[28] N. Achaibou, M.Haddadi, A.Malek. Stockage par batterie et par hydrogène dans un système photovoltaïque. 2ème conférence sur l'hydrogène et l'énergie, Hammamat, Tunisie 09 au 11 mai 2010.

[29] O. Erdinc, B. Vural, M.Uzunoglu. A wavelet-fuzzy logic based energy management strategy for a fuel cell/battery/ultra-capacitor hybrid vehicular power system. Journal of Power Sources, 2009, 195.

[30] E. Karden, S. Ploumen, B. Fricke, T. Miller, K. Snyder. Energy storage devices for future hybrid electric vehicles. 2007, Journal of Power Sources 168 pp 2–11.

[31] C.J. Higgins, H.S. Matthews, C.T. Hendrickson, M.J. Small. Lead demand of future vehicle technologies. 2007, Transportation Research Part D 12 pp 103–114.

[32] C. Tallner, S. Lannetoft. Batteries or supercapacitors as energy storage in HEVs? Dept. of Industrial Electrical Engineering and Automation, Lund University, 2005.

[33] R. Saisset. Contribution à l'étude systémique de dispositifs énergétiques à composants électrochimiques. Formalisme Bond Graph appliqué aux piles à combustible, accumulateurs Lithium-Ion, Véhicule Solaire. Docteur de l'institut national polytechnique de Toulouse, 2004.

[34] F. Mellblom. Start modelling for heavy trucks. Master's thesis performed in Vehicular Systems, 2004.

[35] S. Busquet. Etude d'un système autonome de production d'énergie couplant un champ photovoltaïque, un électrolyseur et une pile à combustible : réalisation d'un banc d'essai et modélisation. Docteur de l'École des Mines de Paris, 2003.

[36] M. Merkle. Variable Bus Voltage Modeling for Series Hybrid Electric Vehicle Simulation. Master of Science, 1997.

[37] H. Miland. Operational Experience and Control Strategies for a Stand-Alone Power System based on Renewable Energy and Hydrogen. Thesis, Norwegian University of Science and Technology, 2005.

[38] J. Lagorse, D. Paire, A. Miraoui. Sizing optimization of a stand-alone street lighting system powered by a hybrid system using fuel cell, PV and battery. 2009, Renewable Energy 34 pp 683–691.

[39] A. Bouzoukas. Renewable Hydrogen Energy System. University of Strathclyde, 2003.

[40] S. Boyd. Hybrid Electric Vehicle Control Strategy Based on Power Loss Calculations. Virginia Polytechnic Institute, 2006.

[41] C. Amael. Élaboration d'électrodes de piles à combustible par plasma. Docteur de l'Université d'Orléans, 2006.

[42] K. Haraldsson. On Direct Hydrogen Fuel Cell Vehicles-Modelling and Demonstration. Doctoral Thesis, 2005.

[43] J. Lachaize. Étude des stratégies et des structures de commande pour le pilotage des systèmes énergétiques à Pile à Combustible (PAC) destinés à la traction. Docteur de l'institut National Polytechnique de Toulouse.

[44] T. Nguyen. Advances in Fuel Cells. University of Kansas, USA, Elsevier Ltd 2007.

[45] D. Rand, R. Dell. The hydrogen economy: a threat or an opportunity for lead–acid batteries. Journal of Power Sources, 2005,144 pp 568–578.

[46] R. Foster. False optimism for the hydrogen economy and the potential of biofuels and advanced energy storage to reduce domestic greenhouse gas emissions. Massachusetts Institute of Technology, 2004.

[47] J.R. Hull. Flywheels. National Laboratory Argonne, Illinois, United States. Encyclopaedia of Energy.

202

[48] H. Liu, C. Mao, J. Lu, D.Wang. Electronic power transformer with supercapacitors storage energy system. 2009, Electric Power Systems Research 79 pp 1200–1208.

[49] S. Atcitty. Electrochemical Capacitor Characterization for Electric Utility Applications. Doctor of Philosophy in Electrical Engineering.

[50] Leonardo fanjul. Some new applications of super capacitors in power electronic systems. Master of Science, 2003.

[51] A. Arbaoui. Aide à la décision pour la définition d'un système éolien adéquation au site et à un réseau faible. Ecole doctorale, 2006.

[52] J.K. Kaldellis, D. Zafirakis, K.Kavadias. Techno-economic comparison of energy storage systems for island autonomous electrical networks. 2009, Renewable and Sustainable Energy Reviews 13 pp 378–392.

[53] J.K. Kaldellis, D. Zafirakis, D.E. Kaldelli, K. Kavadias. Cost benefits analysis of a photovoltaic-energy storage electrification solution for remote islands. 2009, Renewable Energy 34 pp 1299–1311.

[54] D. Nuh. Le stockage de l'énergie, l'accumulateur électrochimique, Report, Energy Equipement testing service limited, 2002.

[55] D. Berndt. VRLA batteries, advances and limitations. 2006, Journal of Power Sources 154 pp 509–517.

[56] D. Berndt. Maintenance free batteries, a handbook of battery technology, 2nd edition, Research Studies Press Ltd., Somerset, England, 1997.

[57] F. Karoui. Optimisation de stratégies de gestion des batteries au plomb utilisées dans les systèmes photovoltaïques. Docteur de l'INP Grenoble, 2007.

[58] E.J. Cairns, L. Berkeley. Basics of energy, Batteries, Overview. National Laboratory and University of California, Berkeley. Encyclopaedia of Energy.

[59] M.A. Dasoyan, I.A. Aguf. Current theory of lead acid batteries. Technocopy Limited, England, (1979).

[60] Bechtel. Handbook for battery energy storage photovoltaic power systems. National, Inc. San Francisco, California. 116p (1979).

[61] D. Pavlov, G. Petkova. Phenomena that limit the capacity of the positive lead acid battery plates. 2. Electrochemical impedance spectroscopy and mechanism of discharge of the plate. Journal of Electrochemical Society, 149 (2002) A654.

[62] D. Pavlov, A. Kirchev, M. Stoycheva, B. Monahov. Influence of H_2SO_4 concentration the mechanism of the processes and on the electrochemical activity of the $Pb/PbO_2/PbSO_4$ electrode. Journal of Power sources, 137 (2004) 288.

[63] D.U. Sauer. Modelling of local conditions in flooded lead/acid batteries in photovoltaic systems. 1997, Journal of Power Sources 64 pp 181-187.

[64] F. Mattera. Etude des modes de vieillissement des accumulateurs au plomb utilisés dans les systèmes photovoltaïques. Thèse INPG, 1999.

[65] F. Mattera. WP2 Characterisation of ageing effects from batteries after field operation in PV Systems. Rapport Technique DSEN/2004-067.

[66] H. Heinz Wenzl, I. Baring, G.Rudi Kaiser. Life prediction of batteries for selecting the technically most suitable and cost effective battery. 2005, Journal of Power Sources 144 pp 373–384.

[67] P. Ruetschi. Ageing mechanisms and service life of lead–acid batteries. 2004, Journal of Power Sources 127 pp 33–44.

[68] G. Papazov, D.Pavlov. Influence of cycling current and power profiles on the cycle life of lead/acid batteries. 1996, Journal of power sources 63 pp193-199.

[69] N. Achaïbou, A. Malek, N. Bacha. Modèle de vieillissement des batteries aux plomb-acide dans les Systèmes Photovoltaïque. Revue des Energies Renouvelables. Numéro spécial Colloque sur l'Héliothermie, l'Environnement et la Maîtrise des Systèmes Solaires Alger 13-15 Mai 2000, 61-66.

[70] D. Pavlov, V. Naidenov, S. Ruevski. Influence of H_2SO_4 concentration on lead-acid battery performance H-type and P-type batteries. 2006, Journal of Power Sources 161 pp 658–665.

[71] H.A. Catherino, F.F. Feres, F. Trinidad. Sulfation in lead–acid batteries. 2004, Journal of Power Sources 129 pp 113–120.

[72] E. Rocca, G. Bourguignon, J. Steinmetz. Corrosion management of PbCaSn alloys in lead-acid batteries: Effect of composition, metallographic state and voltage conditions.
2006, Journal of Power Sources 161 pp 666–675.

[73] D. Pavlov, A. Dakhouche, T. Rogachev. Influence of Antimony ions and $PbSO_4$ content in the corrosion layer on the properties of the interface grid/active mass in positive lead-acid battery plates. 1997, Journal of Applied Electrochemistry, 27, 720.

[74] T. Omae, S. Osumi, K. Takahashi. Negative corrosion of lead-antimony alloys in lead-acid batteries at high temperatures. 1997, Journal of Power Sources 65 pp 65-70.

[75] A. Jossen, J. Garche, D.U. Sauer. Operation conditions of batteries in PV applications. 2004, Solar Energy 76 pp 759–769.

[76] S. Huaa, Q. Zhoua, D. Kong, J. Maa. Application of valve-regulated lead-acid batteries for storage of solar electricity in stand-alone photovoltaic systems in the northwest areas of China. 2006, Journal of Power Sources 158 pp 1178–1185.

[77] D. Benchetrite. Optimisation de la recharge des accumulateurs au plomb à usage photovoltaïque. Thèse Université de Picardie Jules Verne, 2004.

[78] C.M. Shepherd. Design of primary and secondary cells. I Effect of polarisation and Resistance on Cell Characteristics. 1965, Journal of Electrochemical Society 112 pp 657-664.

[79] C.M. Shepherd. Design of primary and secondary cells. II An equation describing battery discharge. 1965, Journal of Electrochemical Society 112 pp 657-664.

[80] H.L. Macomber. Engineering design handbook for stand-alone PV systems. Monegon Ltd. Report N.M108. Gaithersburg, Maryland, 1981, 142p.

[81] J. B. Copetti, F. Chenlo. Internal resistance characterization of lead acid batteries for PV rates. Proceedings of the 11th European PV Solar Energy Conference, Montreux, 12–16 October 1992; 1116–1119.

[82] J.B. Copetti, F. Chenlo, E. Lorenzo. Comparison between charge and discharge batteries models and real data for PV applications. Proceedings of the 11th European PV Solar Energy Conference, Montreux, 12–16 October (1992); 1131–1134.

[83] J.B. Copetti, E. Lorenzo, F. Chenbo. A general battery model for PV system simulation. Rapport technique, CIEMAT, Madrid, Spain 1993.

[84] J.B. Copetti, E. Lorengo, F. Chenbo. A general battery model for PV system simulation. Progress in photovoltaics Research and applications, 1993 pp 283-292.

[85] J.B. Copetti. Modelado de acumuladores de plomo acido para aplicaciones fotovoltaicas. Ph.D. thesis. Universidad politécnica de Madrid 1993.

[86] S. Silvestre, D. Guasch, U. Goethe, L. Castaner. Improved PV battery modelling using Matlab.   Proceedings of the 17th European Photovoltaic Solar Energy Conference and Exhibition,Munich, October 2001; pp. 507–509.

[87] D. Guasch. Dynamic Battery Model for Photovoltaic Applications. Prog. Photovolt, Res. Appl. 2003; 11:193–206 (DOI: 10.1002/pip.480).

[88] D. Guasch. Modelado y analisis de sistemas fotovoltaicos. Tesis Doctoral. Universidad politécnica de Catalunya, Barcelona 2003.

[89] W. Peukert. Law and discharge of lead acid batteries. Elektrotechnische Zeitschrift. (1897) 20.

[90] D. Doerffel, S.A. Sharkh. A critical review of using the Peukert equation for determining the remaining capacity of lead-acid and lithium-ion batteries. Journal of Power Sources, 155 (2006) 395–400.

[91] C. Y. Tseng, C. F. Lin. Estimation of the State-of-charge of lead acid batteries used in electric scooters. Journal of Power Sources, 2005, 147(1-2) pp 282-287.

[92] H.A. Catherino, J.F. Burgel, A. Andrew Rusek, F. Feres. Modelling and simulation of lead-acid battery charging. 1999, Journal of Power Sources 80 pp 17–20.

[93] P. Menga, R. Buccianti, R.Giglioli, L.Thione. An electrical model of the lead acid battery. 7th Electrical Vehicle Symposium, Versailles, Francia, 1984 pp 26-29.

[94] W.A. Facinelli. Modeling and simulation of lead-acid batteries for PV systems. 18th Intersociety Energy Conversion Conference, Orlando, Florida, 1983 pp 1582-1588.

[95] J. Appelbaum, R.Weiss. An electrical model of the lead-acid battery. 1982, International Telecommunication Energy Conference, Washington, D.C. 304-307.

[96] J. Appelbaum, R.Weiss. Estimation of battery charge in photovoltaic systems. 1982, IEEE Transactions on Energy Conversion pp 513-518.

[97] P. Menga, R. Buccianti, R. Giglioli, L.Thione. An electrical model of the lead acid battery. 7th Electrical Vehicle Symposium, Versailles, Francia, 1984 pp 26-29.

[98] P. Menga, R. Buonarota, V.Scariori. An electrical model for discharge and recharge of lead-acid batteries, developed for industrial applications. 1987, Energia Electrica 7 pp 325-332.

[99] R. Rynkiewicz. Discharge and charge modelling of lead-acid batteries. 1999, IEEE Transactions on Energy Conversion pp 707-710.

[100] Z. Salameh, M.A.Casacca, W.Lynch. A mathematical model for lead-acid batteries. 1992, IEEE Transactions on Energy Conversion 7 pp 93-97.

[101] M. Cassacca, Z. Salameh. Determination of lead–acid battery capacity via mathematical modelling techniques. 1992, IEEE Transactions on Energy Conversion 7 pp 442–446.

[103] S. Biscaglia, D. Mayer. Use of the battery state of charge for PV system control. 11th E.C. Photovoltaic Solar Energy Conference. Montreux, Switzerland. 1135-1138 (1992).

[104] F. Fabero, N. Vela, M. Alonso-Abella, J. Cuenca, F. Chenlo. Validation of a theoretical model for different PV batteries. 14th European Photovoltaic Solar Energy Conference, 1997.

[105] N. Vela, F.Fabero, J. Cuenca, F. Chenlo, M. Alonso-Abella. PV battery tests to improve
charge control strategies. 1^{4th} European Photovoltaïc Solar Energy Conference, Barcelona, 1997 pp 1688-1691.

[106] P. Kral, P. Krivak, P. Baca, M.Calabek, K. Micka. Current distribution over the electrode surface in a lead-acid cell during discharge. Journal of Power Sources, 2002, 105(1) pp 35-44.

[107] J.J. Esperilla, J. Felez, G. Romero, A. Carretero. A full model for simulation of electrochemical cells including complex behaviour. 2007, Journal of Power Sources 165 pp 436–445.

[108] S. Barsali, M. Ceraol. Dynamical Models of lead-acid batteries, IEEE Trans. On Energy Conversion, 2002, 17(1) pp 16-23.

[109] M.P. Vinod, K. Vijayamohanan. Effect of gelling on the impedance parameters of $Pb/PbSO_4$ electrode in maintenance-free lead-acid batteries. Journal of Power Sources,

2000, 89(1) pp 88-92.

[110] H. Andersson, I. Petersson, E. Ahlberg. Modelling electrochemical impedance data for semi-bipolar lead acid batteries. Journal of Applied Electrochemistry, 2001, 31(1) pp 1-11.

[111] F. Hueta. A review of impedance measurements for determination of the state-of charge or state-of-health of secondary batteries. Journal of Power Sources.1998, 70(1) pp 59-69.

[112] F. Huet, R.P. Nogueira, L. Torcheux, P. Lailler. Simultaneous real-time measurements of potential and high-frequency resistance of a lab cell. Journal of Power Sources, 2003, 113(2) pp. 414-421.

[113] S. R. Nelatury, P. Singh. Extracting equivalent circuit parameters of lead acid batteries from sparse impedance measurements. Journal of Power Sources, 2002, 112(2) pp. 621-625.

[114] P. Mauracher, E.Karden. Dynamic modelling of lead/acid batteries using impedance spectroscopy for parameter identification. 1997, Journal of Power Sources 67 pp 69-84.

[115] A. Hammouche, E. Karden, J. Walter. On the impedance of the gassing reactions in lead acid batteries. Journal of power sources, 2001, 96(1) pp 106-112.

[116] C.C. Chan, E.W.C. Lo, W.X. Shen. The available capacity computation model based on artificial neural network for lead-acid batteries. Journal of Power Sources, 2000, 87(1-2) pp 201-204.

[117] W.X. Shen, C.C. Chan, E.W.C. Lo, K.T. Chau. A new battery available capacity indicator for electric vehicles using neural network. Energy Conversion and Management, 2002, 43(6) pp 817-826.

[118] A. Urbina, T.L. Paez, C.C. Ogorman. Reliability of rechargeable batteries in a photovoltaic power supply system. Journal of Power Sources (1998) 80 pp 30–38.

[119] O. Erdinc, B. Vural, M. Uzunoglu. A wavelet-fuzzy logic based energy management strategy for a fuel cell/battery/ultra-capacitor hybrid vehicular power system. 2008, Journal of Power Sources, 2009, 195.

[120] Y.C. Liang, T.K. Ng. Design of battery charging system with fuzzy logic controller. International Journal of Electronics, 1993, 75(1) pp 75-86.

[121] M. Thele, S. Bullera, D.U. Sauera. Hybrid modelling of lead–acid batteries in frequency and time domain. 2005, Journal of Power Sources 144 pp 461–466.

[122] M. Thele, E. Karden, E. Surewaard, D.U. Sauer. Impedance-based overcharging and gassing model for VRLA/AGM batteries. 2006, Journal of Power Sources 158 pp 953–963.

[123] M. Thele, J. Schiffer, E. Karden, E. Surewaard, D.U. Sauer. Modeling of the charge acceptance of lead–acid batteries. 2007, Journal of Power Sources 168 pp 31–39.

[124] D. Simonsson. A mathematical model for the porous lead dioxide electrode. Journal Applied Electrochemistry, 1973, 3 pp 261-270.

[125] J. Newmanan, D.W. Tiedemann. Porous-electrode theory with battery applications. AichE Journal, 21 (1975) 25.

[126] W. Kappus. Homogeneous nucleation, growth and recrystallization of discharge products on electrodes. Electrochemical Acta, 1983, 28(11) pp 1529-1537.

[127] D. Simonsson, P. Ekdunge. The discharge behaviour of the porous lead electrode in the lead-acid battery. II. Mathematical model.1989, Journal of Applied Electrochemistry 19 pp 136-141.

[128] J.R.Vilche, F.E. Varela. Reaction model development for the $Pb/PbSO_4$ system. Journal of Power Sources, 1997, 64(1) pp 39-45.

[129] D. Pavlov, G. Papazov, V. Iliev. Mechanism of the processes of formation of lead acid batteries positive plates. Journal of Electrochemical Society, 119 (1972) 8.

[130] L.S. Stewart, D.N. Bennion. Mathematical model of the anodic oxidation of lead. Journal of Electrochemical Society. 1994, 141(9) pp. 2416–2421.

[131] E.C. Dimpault, T.V. Nguyen, R.E. White. A two dimentionel mathemetical model of a porous lead dioxide electrode in a lead acid cell. Journal of Electrochemical Society, 1988, 135 (2) pp 278-285.

[132] T.V. Nguyen, R.E. White. The effects of separator design on the discharge performance of a started lead acid cell. Journal of Electrochemical Society, 1990, 137(10)
pp 2998-3004.

[133] Y. Morimoto, Y. Ohya, K. Abe. Computer simulation of the discharge reaction in lead-acid batteries. 1988, Journal of Electrochemical Society 135 pp 293-298.

[134] D.M. Bernardi, H. Gu. Two dimentionel mathematical model of lead acid cell. Journal of Electrochemical Society, 1993, 140(8) pp 2250-2258.

[135] R.M. LaFollette, D.N. Bennion. Design fundamentals of high power density pulsed discharge lead acid batteries I. Experimental. Journal of Electrochemical Society, 1990,
137(12) pp 3693-3700.

[136] R.M. LaFollette, D.N. Bennion. Design fundamentals of high power density pulsed discharge lead acid batteries II. modeling. Journal of Electrochemical Society, 1990, 137(12) pp 3701-3707.

[137] S.C. Kim, W.H. Hong. Analysis of the discharge performance of a flooded lead/acid cell using mathematical modelling. journal of power sources, 1999, 77(1) pp 74-82.

[138] J. Harb, R.M. LaFollette. Mathematical model of the discharge behavior of lead acid
cell. Journal of Electrochemical Society, 1999, 146(3) pp 809-818.

[139] P. Ekdunge. Simplified model of the lead/acid battery. Journal of Power Sources 1993, 46(2-3) pp 251-262.

[140] M.G. Semenenko. Research of the simplified model of lead-acid battery discharge. Journal of Power Sources, 2006, 160(1) pp 681-683.

[141] D.M. Bernardi, M.K. Carpenter. A mathematical model of the oxygen recombination lead acid cell. Journal of Electrochemical Society, 1995, 142(8) pp 2631-2642.

[142] D.M. Bernardi, M. K. Carpenter. Study of charge kinetics in valve-regulated lead acid cells. J. Electrochem. Soc., Volume 151, Issue 1, pp. A85-A100 (2004).

[143] A. Tenno, R. Tenno, T. Suntio. Evaluation of VRLA battery under overcharging : model for battery testing. Journal of Power Sources, 2002, 111(1) pp 65-82.

[144] A. Tenno, R. Tenno, T. Suntio. Charge-discharge behaviour of VRLA batteries : model calibration and application for state estimation and failure detection. Journal of Power Sources, 2001, 103(1) pp 42-53.

[145] H. Gu, T.V. Nguyen, R.E. White. A mathematical model of lead acid cell. Journal of Electrochemical Society, 1987, 134(12) pp 2953-2960.

[146] W.B. Gu, C.Y. Wang, B.Y. Liaw. Numerical of coupled electrochemical and transport process in lead acid cell. Journal of Electrochemical Society, 1997, 144(6) pp 2053-2061.

[147] W.B. Gu, C.Y. Wang. Thermal electrochemical modeling of battery system. Journal of Electrochemical Society, 2000, 147(8) pp 2910-2922.

[148] G. Karlsson. Simple model for the overcharge reaction in valve regulated lead/acid batteries under fully stationary conditions. Journal of power sources, 1996, 58(1) pp 79-85.

[149] Y.L. Guo, R.Groiss, H. Doring. Rate-determining step investigations of oxidation processes at the positive plate during pulse charge of valve-regulated lead-acid batteries. Journal of the Electrochemical Society, 1999, 146(11) pp 3949-3957.

[150] V. Srinivasan, G.Q. Wang, C.Y. Wang. Mathematical modeling of current interrupt and pulse operation of valve regulated lead acid cells. Journal of Electrochemical Society, 2003, 150(3) pp A316-A325.

[151] A. Chaurey, S. Deambi. Battery storage for PV power systems, 1992, An Overview Renewable Energy 2 pp 227-235.

[152] F. Lambert, P.H. Mabranche, D. Desmettre, J.L. Martin. The most appropriate specifications and test procedures for PV Batteries. 14th European Photovoltaic Solar Energy Conference, 1997.

[153] D.J. Spiers, A.D. Rasinkoski. Predicting the service lifetime of lead-acid batteries in PV systems. 1995, Journal of Power Sources 53: pp 245-253.

[154] H. Bode. Lead-acid batteries. The electrochemical society, Inc. Princeton New Jersey. Wiley Intersciense Publications, 1977, 387p.

[155] T. Hirasawa, K.Sasaki, H.Taguchi, M. Kaneko. Electrochemical characteristics of Pb-Sb alloys in sulfuric acid solutions. 2000, Journal of Power Sources 85 pp 44-48.

[156] T. Degner, H. Gabler, A.Stöcklein. A model for the ageing of lead-acid batteries in PV systems. 12th European Photovoltaic Solar Energy Conference, Amsterdam, 1994 pp 422-426.

[157] D.J. Spiers, A.D. Rasinkoski. Limits battery lifetime in photovoltaic applications. 1996, Solar Energy 58 pp 147-154.

[158] D.J. Spiers. Undestanding the factors that limit battery life in PV systems. 6th World Renewable Congress, Elsevier Science, 2000.

[159] H.G. Beyer, M. Bohlen, J. Schumacher. Including battery life time modelling in sizing procedures for stand alone PV-systems. 14th European Photovoltaic Solar Energy Conference, Barcelona Spain, 1997, pp 1086-1089.

[160] R. Swami. Battery Performance Testing for Small Stand-Alone PV Systems. 1998, pp 162-16.

[162] A. Kirchev, F. Mattera, E. Lemaire, K. Dong. Studies of the pulse charge of lead-acid batteries for photovoltaic applications, Part IV. Pulse charge of the negative plate. 2009, Journal of Power Sources 191 pp 82–90.

[163] B. Hariprakash, S.A. Gaffoor, A.K. Shukla. Lead-acid batteries for partial-state-of-charge applications. 2009, Journal of Power Sources 191 pp 149–153.

[164] A. Kirchev, M. Perrin, E. Lemaire, F. Karoui, F. Mattera. Studies of the pulse charge of lead-acid batteries for PV applications Part I. Factors influencing the mechanism of the pulse charge of the positive plate. 2008, Journal of Power Sources 177 pp 217–225.

[165]   J. Schiffer, D.U. Sauer, H. Bindner. Model prediction for ranking lead-acid batteries according to expected lifetime in renewable energy systems and autonomous power-supply systems. 2007, Journal of Power Sources 168 pp 66–78.

[166] E.M. Nfaha, J.M. Ngundamb, R. Tchindaa. Modelling of solar/diesel/battery hybrid power systems for far-north Cameroon. 2007, Renewable Energy 32 pp 832–844.

[167] J.D. Maclay, J. Brouwer, G.S. Samuelsen. Dynamic modeling of hybrid energy storage systems coupled to photovoltaic generation in residential applications. 2007, Journal of Power Sources 163 pp 916–925.

[168] R. Kaiser. Optimized battery-management system to improve storage lifetime in renewable energy systems. 2007, Journal of Power Sources 168 pp 58–65.

[169] D. Benchetrite, M. Le Gall, O. Bach, M. Perrin, F. Mattera. Optimization of charge parameters for lead–acid batteries used in photovoltaic systems. 2005, Journal of Power Sources 144 pp 346–351.

[170] M. Marwan. On the storage batteries used in solar electric power systems and development of an algorithm for determining their ampere–hour capacity. 2004, Electric Power Systems Research 71 pp 85–89.

[171] A. Cherif, M. Jraidi, A. Dhouib. A battery ageing model used in stand alone systems. 2002, Journal of Power Sources 112 pp 49-53.

[172] R. Wagner, D. U. Sauer. Charge strategies for valve-regulated lead/acid batteries in solar power applications. 2001, Journal of Power Sources 95 (2001) 141-152.

[173] J. N. Ross, T. Markvart. Modelling battery charge regulation for a stand-alone photovoltaic system. 2000, Solar Energy 69 pp. 181–190.

[174] S. Al-Shaban, A. Mohmoud. Self-control system in storage unit of PV plants. 2000, Applied Energy 65 pp 85-90.

[175] E. Michel, V. Bayetti, B. Monvert. Lenain, M. Marchand. New battery charge control for PV systems. Proceedings of the 16th European Photovoltaic Solar Energy Conference, Glasgow, May 2000, pp 2467–2469.

[176] C. Armenta-deu. Improving photovoltaic system sizing by using electrolyte circulation in the lead-acid batteries. 1998, Renewable Energy 13 pp 215-225.

[177] M. Bayoumy, S.El-Hefnaw, O. Mahgoub, A. El-Tobshy. New techniques for battery charger and SOC estimation in photovoltaic hybrid power systems. 1994, Solar Energy Materials and Solar Cells 35 pp 509-514.

[178] M. A. Hamdy. A simple approach to the determination of the charging state of photovoltaic-powered storage batteries. 1993 Journal of Power Sources, Volume 41, Issues 12, 5 January 1993, Pages 65-76.

[179] C. Armenta, j. Doria, C. Deandrés. Influence of current rate on to a lead-acid cell performance in photovoltaic applications. 1989, Solar & Wind Technology 6 pp 667-573.

[180] C. Armenta, Determination of the state-of-charge in lead-acid batteries by means of a reference cell. 1989, Journal of Power Sources 27 pp 297-310.

[181] D.F Menicucci. PVFORM - a new approach to photovoltaic system performance modelling. 8th Photovoltaic Specialist Conference, Las Vegas, 1985 pp 1614-1619.

[182] W.A. Facinelli. Modeling and simulation of lead-acid batteries for PV systems. 18th Intersociety Energy Conversion Conference, Orlando, Florida, 1983 pp 1582-1588.

[183] J. Appelbaum, R. Weiss. An electrical model of the lead-acid battery. 1982, International Telecommunication Energy Conference, Washington, D.C. 304-307.

[184] J. Appelbaum, R.Weiss. Estimation of battery charge in photovoltaic systems. 1982, IEEE Transactions on Energy Conversion pp 513-518.

[185] Olivier Gergaud. Modélisation énergétique et optimisation économique d'un système de production éolien et photovoltaïque couplé au réseau et associé à un accumulateur .Thèse de doctorat de l'école normale supérieure de Cachan, 2002.

[186] P. Eduardo . Estudo de correlação de parametros eletricos terminais com caracteristicas de desempenho em baterias. Mestre em Engenharia Eletrica, 2005.

[187] G. Dillenseger. Caractérisation de nouveaux modes de maintien en charge pour batteries stationnaires de secours. Doctorat, Université Montpellier II, 2004.

[188] A.D. Turner, P.T. Moseley. The influence of mass transport processes on the performance of the lead-acid cell. 1983, Journal of Power Sources 9 pp 19-40.

[189] D. Marquardt. An algorithm for least squares estimation of non linear parameters. 1963, SIAM Journal on Applied Mathematics 11 pp 431–441.

[190] K. Levenberg. A method for the solution of certain problems in least squares. 1944, Quarterly of Applied Mathematics Journal 5 pp 164–168.

[191] N. Achaibou, M. Haddadi, A. Malek. Lead acid batteries simulation including experimental validation. Journal of power sources 185 (2008), pp 1484-1491.

[192] N. Achaibou, M. Haddadi, A.Malek. Lead acid batteries models for PV systems. First International Engineering Sciences Conference of Aleppo University, IESC2008, November 2 – 4, 2008, Syrie.

[193] N. Achaibou, M. Haddadi, A. Malek. Modelling of lead acid batteries in PV systems. Second International Engineering Sciences Conference of Aleppo University, May 24-26, 2011, Syrie.

[194] MicroSim PSpice A/D - Référence Manuel, Irvine CA, 1997.

Table des Figures et des Tableaux

221

222

Nomenclature

d	Densité de l'électrolyte	g.cm^{-3}
d^{25}	Densité de l'électrolyte à 25°C	g.cm^{-3}
T	Température ambiante de la batterie	°C
T$_{ref}$	Température de référence (25°C)	°C
ΔT	Différence de température (T - Tref)	°C
V^{25}	Tension à 25°C	V
V	Tension réelle de la batterie	V
V$_{oc}$	Tension de circuit ouvert	V
V$_{eq}$	Tension d'équilibre	V
V$_n$	Tension nominale	V
C^{25}	Capacité à 25°C	Ah
C	Capacité de la batterie	Ah
C$_n$	Capacité maximale disponible en n heures	Ah
n	Nombre d'heures	
C$_{10}$	Capacité nominale de la batterie en 10 heures	Ah
C$_T$	Capacité maximale	Ah
I	Courant réel	A
I$_n$	Courant nominale en n heures	A
I$_{10}$	Courant nominal en 10 heures	A
R	Résistance interne	Ω
i, i$_{am}$	Densité de courant (3.2)	A.cm^{-2}
i$_0$	Densité de courant échangé	A.cm^{-2}
α	Coefficient de transfert de charge	
F	Nombre de faraday	96500 C

Z	Nombre d'électrons échangés	
η	surtension électronique	V
r	constante des gaz parfaits (3.2)	8.32 J/K.mol
C_c, C_a	Capacité cathodique et anodique	$Ah ; C.cm^{-2}$
V_c, V_a	Potentiel de la cathode et de l'anode	$V.cm^{-2}$
Vs_c, Vs_a	Potentiel standard cathodique et anodique	$V.cm^{-2}$
K_c , K_a	Coefficient de polarisation cathodique et anodique	$\Omega.cm^2$, Ω
R_c, R_a	résistance interne de la cathode et de l'anode	$\Omega.cm^2$, Ωt
V_c, V_d	Potentiel de la charge et de la décharge	$V/élt$, $V.cm^{-2}$
Vs_c, Vs_d	potentiel standard de charge et de décharge	$V/élt$, $V.cm^{-2}$
Kc, Kd	coefficient de polarisation de la charge et de la décharge de la cellule	$\Omega.cm^2$, Ω
Rc, Rd	résistance interne de charge et de décharge	$\Omega.cm^2$, Ω
Vs	Potentiel standard de la cellule	V
A et B	constantes empiriques (3.15) et (3.16)	
SOC_0	Etat de charge initial de la batterie	
SOC	Etat de charge de la batterie	
DOD	Profondeur de décharge de la batterie	
Q	ampères heures stockés ou restitués (I x t)	Ah
t	temps de décharge ou/et de charge	h
K	Coefficient de polarisation de la batterie	Ω
Cte, n	Constantes (3.27)	
a, b	Paramètres relatifs au type de batterie (3.29)	
α', β', γ, αr	Coefficients de température (3.29), (3.30) et (3.31)	
P_1 , P_2 , P_3 , P_4 , P_5	Paramètres empiriques (3.30)	
Vfc	Tension de fin de charge	V

A' et B'	Paramètres empiriques (3.31)	
V_g	Tension du dégagement gazeux	V
ι	Constante de temps	h
p_1 , p_2 , p_3	Paramètres empiriques (3.33)	
t_g	Temps du dégagement gazeux	h
t_{fc}	Temps de fin de charge	h
η_c	Efficacité de charge	
a', b'	Paramètres relatifs au type de batterie (3.31)	
V_{surc}	Tension de surcharge	V
W	Rendement énergétique	
η_d	Surtension de diffusion	V
η_t	Surtension de transfert de charge	V
LOE	Niveau d'énergie (3.50) et (3.51)	
V_{ocd}	Tension de circuit ouvert pour la décharge (3.52)	V
K_{ocd}, P_{1d} , P_{2d}, P_{3d}, P_{4d}, P_{5d}, α_{rd}	Paramètres relatifs au type de batterie pour la décharge (3.52)	V
V_{occ}	Tension de circuit ouvert pour la charge (3.53)	
K_{occ} , P_{1c} , P_{2c}, P_{3c}, P_{4c}, P_{5c}, α_{rc}	Paramètres relatifs au type de batterie pour la charge (3.53)	
a_{cmt}, b_{cmt}	Paramètres (3.54)	
SOC_{Vg}	Etat de charge de la batterie au début du gazage de l'électrolyte	
I_δ	valeur seuil du courant	A
SOH	l'état de santé de la batterie (3.62)	
η_T et η_{wz}	Facteurs de santé de la batterie (3.62)	s^{-1}

α_T , β_T	Coefficients de température (3.63)	$°C^{-1} s^{-1}$, s-1
η_{C10}	Coefficient de diminution de capacité de la batterie (3.64)	
η_q	Coefficient du courant d'autodécharge	

ANNEXE

Description technique des batteries

La description technique des différents types de batteries monoblocs donnée par le constructeur est résumée dans le tableau suivant:

Tableau A3.1 : Description technique des batteries

	Batterie VARTA Solar 12V-100Ah (C_{100})	Batterie E.N.P.E.C 6V-80Ah, 12V-160 (C_{10})	Batterie Fulmen TXT 2V-225Ah (C_{10})	Batterie Tudor STTH180 2V-180Ah (C_{10})
Plaque positive	Plane à poche, matière active PbO_2	Tubulaire, matière active PbO_2	Tubulaire type ouvert	Tubulaire type ouvert
Plaque négative	Plane avec alliage de grille Plomb-Antimoine	Plane avec alliage de grille Plomb-Antimoine	Plane à oxyde rapporté. Alliage à faible teneur en antimoine	Plane à oxyde rapporté. Alliage à très faible teneur en antimoine
Bac Et couvercle	Le bac et le couvercle sont thermosoudés et étanches à l'électrolyte et sont en plastique antichoc et stable à la température	Le bac est en ébonite, le couvercle est adapté au bac de façon étanche	Bac transparent à niveau visible Bouchons antidéflagrants et paracides en céramique frittée	En acrylo nitril styrène: transparent pour le bac, coloré (vert) pour le couvercle. Les bouchons de type baïonnette, paracide
Séparateurs	Microporeux à faible résistance électrique	Sont de fines feuilles en matière synthétique ou cellulose,	Microporeux à faible résistance électrique	Microporeux à faible résistance électrique

		isolantes et poreuses		
Entretien	Consommation minimale d'eau, ce qui entraîne une grande durée de vie et une maintenance minime	La réserve d'électrolyte n'est pas assez importante	Grande réserve d'électrolyte (faible entretien, longue durée de vie)	Grande réserve d'électrolyte, fréquence d'ajout d'eau faible déminéralisée (faible entretien, durée de vie longue)
Dimensions L x l x h	372, 175, 195 mm	400, 150, 190	210*100*400mm	198*189*380mm
Poids	25 kg (chargé), 18 kg (déchargé)	18 kg	17 kg	16.1kg élt sec 23.3kg élt plein 5.9 l d'électrolyte

Fiche technique de la batterie Bergan Energy 100Ah 12 V

Société de fabrication d'accumulateurs

SARL SO.F.ACC

TYPE DE BATTERIE	
Batterie solaire monobloc	Batterie humide avec acide prête a l'emploi ouverte faible entretien.

SPECIFICATIONS	
Tension	12 V
Capacité en 120 heures	100 Ah

MATERIAUX	
Plaque positive	Coulée épaisse
Plaque négative	Métal déployé (expanded)
Matériaux de plaques	Hybride Calcium/ antimoine
Séparateur	Pochette en PE avec fibre de verre poreux

DIMENSIONS ET POIDS	
Longueur	352 mm
Largeur	175 mm
Hauteur totale	190 mm
Poids total	25.9 Kg
Poids acide	7 Kg

BAC ET COUVERCLE	
Matière	Polypropylène
Type de bac	DIN L5
Pognée	Deux poignées
Talon de fixation	B13

TERMINAUX ET BORNE	
Type	Type A
Borne plus	Droite

DUREE DE VIE ET GARANTIE	
Durée de vie	5 années
Garantie	1 année

TEST DE QUALITE	
Test de capacité	Norme EN 50342/ DIN IEC 60095

www.ingramcontent.com/pod-product-compliance
Lightning Source LLC
Chambersburg PA
CBHW021037210326
41598CB00016B/1049